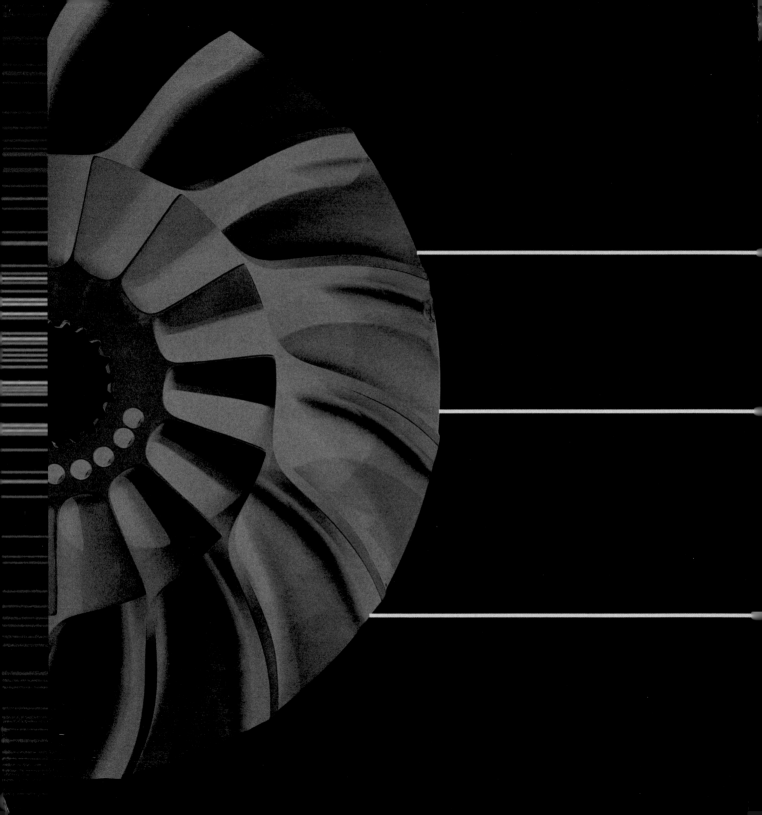

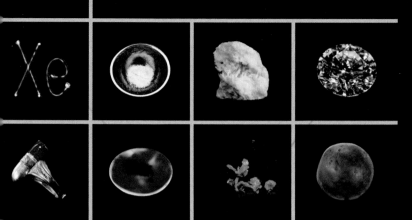

视觉之旅：
神奇的化学元素❷
（彩色典藏版）

【美】西蒙·库伦·菲尔德（Simon Quellen Field）

西奥多·格雷（Theodore Gray）　著

【美】西奥多·格雷（Theodore Gray）

尼克·曼（Nick Mann）　摄影

周志远　译

人民邮电出版社
北　京

图书在版编目（CIP）数据

视觉之旅：神奇的化学元素：彩色典藏版. 2 /
（美）菲尔德（Field, S.Q.），（美）格雷（Gray, T.）著
；（美）格雷（Gray, T.），（美）曼（Mann, N.）摄 ；周
志远译. -- 北京：人民邮电出版社，2013.6（2024.3重印）
    ISBN 978-7-115-31034-7

Ⅰ．①视… Ⅱ．①菲… ②格… ③曼… ④周… Ⅲ.
①化学元素-普及读物 Ⅳ．①O611-49

中国版本图书馆CIP数据核字（2013）第028870号

视觉之旅：神奇的化学元素 2（彩色典藏版）

◆ 著　　　〔美〕西蒙·库伦·菲尔德（Simon Quellen Field）
　　　　　　西奥多·格雷（Theodore Gray）
　　摄　影　〔美〕西奥多·格雷（Theodore Gray）
　　　　　　尼克·曼（Nick Mann）
　　译　　　周志远
　　责任编辑　韦　毅
◆ 人民邮电出版社出版发行　　北京市丰台区成寿寺路 11 号
　　邮编　100164　电子邮件　315@ptpress.com.cn
　　网址　http://www.ptpress.com.cn
　　北京宝隆世纪印刷有限公司印刷
◆ 开本：889×1194　1/20　　彩插：1
　　印张：9　　　　　　　2013 年 6 月第 1 版
　　字数：300 千字　　　　2024 年 3 月北京第 54 次印刷
　　　　著作权合同登记号　图字：01-2012-8796 号
　　　　　　ISBN 978-7-115-31034-7
　　　　　　　　定价：58.00 元
读者服务热线：(010)81055410　印装质量热线：(010)81055316
　　　　反盗版热线：(010)81055315
　　广告经营许可证：京东市监广登字 20170147 号

drinking of "a widely advertised radium water," for which "beneficial" effects were claimed. The radium started a process of bone destruction, according to Dr. Flinn.

Mr. Byers became ill three or four years ago. It was his belief that the "radium" water would act as a tonic and he began drinking two or three two-ounce bottles a day. He was under the impression that it did him good. Eighteen months ago a diagnosis was made and the cause of his malady was attributed to the "radium" water. It previously had been thought that the fluid contained such a small quantity of soluble radium salts as to be harmless. Small quantities of the salt became absorbed through the blood vessels and the destruction of the bone followed, causing extreme pain.

It was said at the Doctors' Hospital that Mr. Byers had been a patient there from time to time during the last two years, and that he had been there continuously for the last month. His physicians gave up all hope of his recovery some time ago.

Dr. Miles's investigation is being conducted to determine whether there are criminal factors in connection with Mr. Byers's death, it was said at the office of the Chief Medical Examiner. An effort also will be made to fix upon its exact cause and

Continued on Page Eleven.

the champion, ... and 9. In 1901 at second round, 10 and 9. Mr. Byers was among the group of three at the tail end of the list who qualified with 175 each. He won his way through the final in the 1903 championship at the Nassau Country Club, being defeated by Mr. Travis.

During the same year Mr. Byers had a part in the defeat of the visiting Oxford-Cambridge golf team at Manchester, Vt. He qualified in the 1904 championship at the Balusrol Golf Club and again the following year at the Chicago Golf Club. He lasted until the third round in the British amateur championship at Sandwich in 1904. Mr. Byers was elected a member of the executive committee of the United States Golf Association in 1905, being the first of the then younger and playing class of golfers to serve.

Mr. Byers was born in Pittsburgh on April 12, 1880, a son of Alexander M. and Martha Fleming Byers. He was educated at St. Paul's School, Concord, N. H., and at Yale, where he graduated in 1901. He became connected with the Girard Iron Company the same year and was president and a director after 1904. He also became associated with the A. M. Byers Company in 1901, becoming president in 1909 upon the death of Dallas C. Byers.

Mr. Byers was a director of the Bank of Pittsburgh, the Pennsylvania and Lake Erie Dock Company and the Bessemer Coke Company. He formerly had a Summer home at Watch Hill, R. I., and was a member of the Misquamicutt Golf Club there. His other clubs included the Racquet and Tennis of New York City, the Pittsburgh, Duquesne, Pittsburgh Golf, Allegheny Country, Oakmont Golf, Republican University and Presbyterian of Pittsburgh and the St. Andrews' Golf.

Mr. Byers was unmarried. He leaves a brother, J. Frederick Byers, of the Carlton House, vice president of the A. M. Byers Company and a sister, Mrs. J. Dennison Lyon of 825 Fifth Avenue. The body will be sent to Sewickley Heights, Pa., where funeral services will be held at his brother's home tomorrow afternoon. Burial will be in the Allegheny Cemetery, Pittsburgh.

In addition to his home at 905 Ridge Avenue, Pittsburgh, Mr. Byers maintained homes at Southampton, L. I., and at Aiken, S. C. He was a frequent Winter visitor at Palm Beach.

The Elements

Words by Tom Lehrer
Music by Sir Arthur Sullivan

As fast as possible

1. There's
2. There's

an-ti-mo-ny, ar-se-nic, a - lu-mi-num, se-le-ni-um, And hyd-ro-gen and ox-y-gen and
hol-mi-um and he-li-um and haf-ni-um and er-bi-um, And phos-pho-rus and fran-ci-um and

ni-tro-gen and rhe-ni-um, And nick-el, ne-o-dym-i-um, nep-tu-ni-um, ger-ma-ni-um, And
flu-o-rine and ter-bi-um, And man-ga-nese and mer-cu-ry, mo-lyb-de-num, mag-ne-si-um, Dys-

i-ron, a-me-ri-ci-um, ru-the-ni-um, u-ra-ni-um, Eu-ro-pi-um, zir-co-ni-um, lu-
pro-si-um and scan-di-um and ce-ri-um and ce-si-um, And lead, pra-se-o-dym-i-um and

ELEMENTS.

Plate 4.

Simple

Binary

Ternary

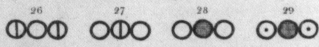

Quaternary

Quinquenary & Sextenary

Septenary

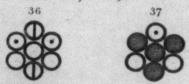

47,5
15,5
83°

$Ti = 118?$

$L = 7$ $Na = 23$ $K = 39$ $Rb = 85,4$ $Cs = 133$ $Tl = 204$

$F = 19$ $Cl = 35,5$ $Br = 80$ $J = 127$

$O = 16$ $S = 32$ $Se = 79,4$ $Te = 128?$

$N = 14$ $P = 31$ $As = 75$ $Sb = 122$ $Bi = 210$

$C = 12$ $Si = 28$ $Sn = 118$

$B = 11$ $Al = 27,4$ $Ti = 116?$ $La = 177$

$Be = 9,4$ $Mg = 24$ $Zn = 65,2$ $Cd = 112$

$A = 1$ $Ca = 63,4$ $Ag = 108$ $Hg = 200$

$Pt = 106,6$ $Pb = 197,4$
$Ro = 104,4$ $Ir = 198$
$Pl = 106,6$ $Os = 199$
$Pd = 56$ $Rh = 104,4$
$Cu = 52$ $Wo = 186$
$V = 51$ $Nb = 94$
$Ti = 50$ $Ta = 92$

$C = 12$ N
$B = 11$
$Si = 30$
$Al = 70$
$Zn = 90$
$Sn = 118$

$Sn = 75,6$

Ueber die

The United States has only very poor ores of uranium in moderate quantities. There is some good ore in Canada and the former Czechoslovakia, while the most important source of uranium is Belgian Congo.

In view of this situation you may think it desirable to have some permanent contact maintained between the Administration and the group of physicists working on chain reactions in America. One possible way of achieving this might be for you to entrust with this task a person who has your confidence and who could perhaps serve in an inofficial capacity. His task might comprise the following:

a) to approach Government Departments, keep them informed of the further development, and put forward recommendations for Government action, giving particular attention to the problem of securing a supply of uranium ore for the United States;

b) to speed up the experimental work,which is at present being carried on within the limits of the budgets of University laboratories, by providing funds, if such funds be required, through his contacts with private persons who are willing to make contributions for this cause, and perhaps also by obtaining the co-operation of industrial laboratories which have the necessary equipment.

I understand that Germany has actually stopped the sale of uranium from the Czechoslovakian mines which she has taken over. That she should have taken such early action might perhaps be understood on the ground that the son of the German Under-Secretary of State, von Weizsäcker, is attached to the Kaiser-Wilhelm-Institut in Berlin where some of the American work on uranium is now being repeated.

Yours very truly,

A. Einstein

(Albert Einstein)

How lead helps you see

THE use of lead in lens-making has made the planets in the universe objects as familiar to astronomers as are the chickens in a barn-yard to a farmer's wife.

The microscope lens, containing lead, has enabled science to count and classify bacteria so small that millions can live in a drop of milk.

There is lead in the telescopic lens of the sextant with which the navigating officer determines his latitude and longitude and plots the course of his ship.

How lead gets into glass

Ordinary lead is melted at a very high temperature. On cooling it falls into buff-colored flakes. This is litharge, a lead oxide. Reburning and recooling the litharge gives an orange-red powder, called red-lead, another oxide of lead. Litharge or red-lead melted with silica (fine white sand) and potash or soda unites with these materials and forms clear glass.

Lead gives to this glass the quality necessary for properly refracting or bending the rays of light, so that the magnifying power of the glass lens is enormously increased.

Thus with the help of lead the courses of stars and comets are revealed. The length of days and seasons, the tides, even the weather, can be known in advance. With the help of magnifying lenses man has developed the serums that protect humanity against diphtheria, typhoid, and other diseases.

Lead in other lenses

The same lead is used in making the moving-picture lens, and the glass lenses of ordinary cameras, of spectacles, eye-glasses, and reading glasses.

Paint needs lead

The most widely known use of lead and its products is, however, in making paint. It is white-lead that gives to good paint its ability to last long and adequately protect the surface.

"Save the surface and you save all"—*Reg'd & Pat'd*

Property needs paint

Until recently many people did not realize as fully as they should that by keeping the natural destroyers away from their property they prolonged its life. Today, however, they are acknowledging the wisdom of the phrase, "Save the surface and you save all." And they are saving the surface by painting with white-lead paint.

What the Dutch Boy means

NATIONAL LEAD COMPANY makes white-lead and sells it, mixed with pure linseed oil, under the name and trade-mark of *Dutch Boy White-Lead*. The figure of the Dutch Boy you see here is reproduced on every keg of white-lead and is a guarantee of exceptional purity.

Dutch Boy products also include red-lead, linseed oil, flatting oil, babbitt metals, and solder.

Among other products manufactured by the National Lead Company are battery litharge, battery red-lead, pressure die castings, cinch expansion bolts, sheet lead, and Hoyt Hardlead products for buildings. It also manufactures lead for every other purpose to which it can be put in art, industry, and daily life.

More about lead

If you use lead, or think you might use it in any form, write to us for specific information; or, if you have a general academic interest in this fascinating subject and desire to pursue it further, we will send on request a list of books which describe this metal and its service to the civilized world.

NATIONAL LEAD COMPANY

New York Boston Cincinnati San Francisco
Cleveland Buffalo Chicago St. Louis
JOHN T. LEWIS & BROS. CO., Philadelphia
NATIONAL LEAD & OIL CO., Pittsburgh

CONSERVATION

Every railroad tie, every telegraph pole, every fence post, every stick of timber that comes in contact with the ground would soon rot away if it wasn't so treated as to protect it from decay.

Wood preservatives therefore play a conspicuous part in conserving the properties of railroads, telegraph companies and individuals.

The New Jersey Zinc Company, with its Zinc Chloride, a wood preservative of the highest order, is contributing largely to such conservation.

To the same end our Metallic Zinc is protecting wire and iron ware from rust by galvanizing, and our Zinc Oxides are adding to the weather-resistance of paint of all kinds.

Our seventy years of experience, extensive ore producing properties, resources and facilities give us every advantage in meeting the needs of manufacturers who require Zinc in any form.

THE NEW JERSEY ZINC COMPANY, *160 Front Street*, New York

ESTABLISHED 1848

CHICAGO: Mineral Point Zinc Company, 1111 Marquette Building
PITTSBURGH: The New Jersey Zinc Co. (of Pa.), 1439 Oliver Building

Manufacturers of Zinc Oxide, Slab Zinc (Spelter), Spiegeleisen, Lithopone, Sulphuric Acid, Rolled Zinc Strips and Plates, Zinc Dust, Salt Cake and Zinc Chloride

The world's standard for Zinc products

Albert Einstein
Old Grove Rd.
Nassau Point
Peconic, Long Island

August 2nd, 1939

F.D. Roosevelt,
President of the United States,
White House
Washington, D.C.

Sir:

Some recent work by E.Fermi and L. Szilard, which has been com-
municated to me in manuscript, leads me to expect that the element uran-
ium may be turned into a new and important source of energy in the im-
mediate future. Certain aspects of the situation which has arisen seem
to call for watchfulness and, if necessary, quick action on the part
of the Administration. I believe therefore that it is my duty to bring
to your attention the following facts and recommendations:

In the course of the last four months it has been made probable -
through the work of Joliot in France as well as Fermi and Szilard in
America - that it may become possible to set up a nuclear chain reaction
in a large mass of uranium,by which vast amounts of power and large quant-
ities of new radium-like elements would be generated. Now it appears
almost certain that this could be achieved in the immediate future.

This new phenomenon would also lead to the construction of bombs,
and it is conceivable - though much less certain - that extremely power-
ful bombs of a new type may thus be constructed. A single bomb of this
type, carried by boat and exploded in a port, might very well destroy
the whole port together with some of the surrounding territory. However,
such bombs might very well prove to be too heavy for transportation by
air.

EBEN M. BYERS DIES OF RADIUM POISONING

Noted Sportsman, 51, Had Drunk a Patented Water for a Long Period.

CRIMINAL INQUIRY BEGUN

Pittsburgh and New York Steel Man Won Amateur Golf Title— Was Prominent on Turf.

Eben MacBurney Byers, wealthy iron manufacturer of Pittsburgh and New York and internationally known sportsman, died of radium poisoning at the Doctors' Hospital at 7:30 A. M. yesterday at the age of 51. Dr. Raymond B. Miles, Assistant Medical Examiner, began an investigation last night into the circumstances of his death and will perform an autopsy today.

Dr. Frederick B. Flinn, radium expert of the Department of Industrial Medicines at Columbia University, who was called in as a consultant by

RADIUM POISONING VICTIM

Eben M. Byers, Steel Man, Who Died Here Yesterday.

EBEN M. BYERS DIES OF RADIUM POISON

Continued from Page One.

to trace in detail the effect of the radium salts.

While there have been numerous instances of deaths in industrial plants where workers have been poisoned through handling radium, this is believed to be the first case where a fatality has been attributed to drinking water containing radium salts. Exhaustive studies of its effect are being made by Dr. Flinn.

The Federal Food and Drug Administration on Wednesday issued a warning against "radioactive" drugs because of serious injuries to users. It was pointed out that radium in active dosage has harmful potentialities and can be safely administered only with the utmost caution.

Mr. Byers, who was chairman of the board of the A. M. Byers Company, New York and Pittsburgh manufacturers of wrought-iron pipe, won the national amateur golf championship at the Englewood, N. J., Golf Club in 1906, defeating George S. Lyon, the Canadian champion. He also was prominent in horse racing, trap-shooting and other sports. He long maintained racing stables here and in England and his entries were seen in many important races. He followed baseball with enthusiasm and had the same box at Forbes Field in Pittsburgh for many years. Mr. Byers had won numerous trophies for trap-shooting, a sport which first engaged his interest in 1916.

Defeated Travis in 1902.

In both 1902 and 1903 Mr. Byers was the runner-up in the national amateur golf tournaments. At the first of these tournaments at the Glen View Golf Club near Chicago he defeated Walter J. Travis, then champion, in a sensational round. At the end of the first nine holes Travis was three up. It seemed impossible for any one to win against him. Mr. Byers, however, was victorious by one up, Travis not winning a single hole in the second nine. In the final match Mr. Byers was defeated

引 言

　　有时，你的脚趾头难免会踢到某种东西。我无法告诉你这种倒霉的事情会在何时何地发生，或者发生后你的惨叫声会有多响。但我能告诉你一件事：无论你的脚趾头踢到了什么，我都能在元素周期表中把它指出来。

　　如果你踢到了草地上的树根，我会在表中指出碳、氢、氧，因为这些元素正是纤维素的主要成分，纤维素这东西让木头硬得足以使人受伤。

　　如果是金属椅子腿，那么它是铁——普通钢铁中，铁占了99%——还有镍和铬，虽然这椅子腿几乎由铁组成，但它也有可能电镀了一层镍来防锈，并镀上铬让它闪闪发亮。即便外层的铬只有几微米的厚度，但那就是你能看到的全部，你的脚趾头实际撞上的正是它。

　　如果是块石头，那么在命名你的痛苦之源之前，我得靠近仔细看看，但它多半含有硅和氧，因为地壳中最多的就是硅酸盐矿石，差不多占了总重量的3/4，石英是纯的二氧化硅（SiO_2），多数普通石头中包含大量二氧化硅和硅酸盐。

　　如果是个锅掉在你的大脚趾头上，恐怕你希望我指到铝，否则它是铸铁锅的话，那可真让人够受的。铝锅不错，它不会生锈且导热性能优良，即便火焰或者电流仅接触到一部分锅底，但锅底的温度仍会比较均匀。

　　如果我指到的是元素金，那你可能在诺克斯堡工作，你把脚撞烂在金条上了。储备在诺克斯堡以及全世界银行保险柜中的400盎司金条（即伦敦金），这些金条重37磅（约12.5千克），但大小仅和一本平装书一样。黄金有着让人难以置信的密度，因此，你在老西部片中所看到的，在日落的背景下窃贼把金条放在麻袋中背在肩膀上逃亡的情景纯属胡扯。这些金条你得弯腰驼背才拿得动。

　　周期表是一张大表，上面列举了你的脚趾头可能撞上的所有元素，但它可不是随机收集的一大堆破烂。它用非常特别的方式组织了自身。理解了它的结构，就能深刻地洞察构成宇宙的基本规律和模式。

周期表最重要的属性是它的形状。无论你讲什么语言，无论你住在哪个星系，周期表的每一行每一列的排布以及空位存在的理由都是完全一样的。至于如何画周期表，虽然有许多不同的风格和约定，但它们都有同样的逻辑，这是我们某天接触外星文明的安全带，我们会立刻认出彼此的元素周期表，因为它们都是在同样的基础上设计出来的。

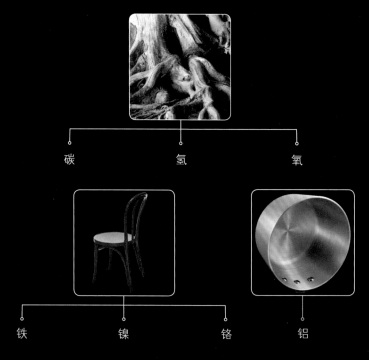

碳　　　　　氢　　　　　氧

铁　　　镍　　　铬　　　铝

周期表形状的由来

　　如果你问一位现代化学家周期表中各种元素排列方式的缘由，他或她会告诉你这完全基于量子力学，元素按照原子序数的顺序排列，原子序数则是元素原子核中的质子数量。你会听到电子如何被安排到原子核四周相应的外层轨道上，而周期表的形状则与电子填充到轨道的顺序相一致，诸如此类。

　　我可敬的合作者西蒙会在整本书中谈到量子力学在很多方面影响元素的化学性质。量子力学虽然解释了周期表的模样，但最初这张表的形状与量子力学无关。事实上，电子如何适应轨道的细节反倒是从周期表的形状中推导出来的，而不是来自其他方法。在1869年第一张可用的现代元素周期表问世的时候，解释它为何就应该是这般模样的量子力学还需要等待50年才被创立。

　　不，并非量子力学赋予了周期表以形状，它完全是脚踏实地且毫不懈怠的化学家们的功绩。（译者注：量子力学是物理学的重要理论，所以作者特地申明化学家的功劳。）

　　早在公元前400年左右，古希腊哲学家就认为万物皆由原子构成，原子很小，是物质不可分割的单位。到18世纪晚期，人们终于有可能开始描绘原子的许多细节，这使得古希腊哲学家完全抽象的观念变得真的有用。

　　我们了解到每种元素皆由相同的原子组成，不同的元素彼此间的原子都不一样，每种原子都有自己特定的重量，故元素的重量都有所不同。元素的确切定义是：元素是一种物质，它由不可再分割且独一无二的原子组成，无论任何化学手段都不可能将其毁灭或者让其分裂成任何其他物质。

原子组成各种不同的元素，数百年来，测量原子的重量既是重要的科学目标，也是一个十足的逻辑谜题。你无法称量单个原子，它太小了。你也无法通过称量一大群原子，然后除以它们的数量，来得到单个原子的重量，因为你数不清原子的个数。（实际上，今天的技术已经能称单个原子的重量和清点它们的数量，但这些技术对17、18世纪的人们而言相当遥远。）

　　但是，测量原子的相对原子质量却是可能的。因为，原子通过化学键彼此相连，并有确切的比例。例如，食盐由钠和氯元素构成，如果你把100克食盐彻底分解，你会得到大约40克钠和60克氯。如果你还知道食盐的化学式是$NaCl$，即钠和氯之比是1∶1，那你就会发现氯原子一定比钠原子重，并且，氯和钠的原子重量比一定是3∶2。

　　对已知组成的多种化合物，不断地重复以上步骤，你就会得到元素重量之比的整体矩阵。很早以前，人们就发现氢元素比其他元素都轻，因此它的原子量就被武断地指定为1。以氢元素的原子量为定位点，利用重量比例矩阵，其他元素就能得到自己的相对原子量。事情由此开始变得清晰起来，各元素的原子量并非随机数，而是暗藏玄机。

　　各种不同原子的重量似乎都十分逼近氢原子重量的整数倍，它们彼此间隔均匀，除了某些缺口，彼此相差2个或者3个单位。而缺口似乎在暗示，这儿有种新元素正等待被发现。如果你观察到某种数字的变化模式，当一个缺口出现在模式中时，认为那个缺口需要填上相应的数字，是相当自然的一种想法。但是，当你对一种新元素的所有预测仅仅是它可能拥有的原子量时，要找到它是十分困难的。

　　不过，有些更加有趣的事情发生了。人们发现，每隔一定的原子量间隔，元素的化学性质开始重复。例如：锂、钠和钾都很软，都是高度活泼的金属，并且它们的原子量是7、23、39。23恰好就是7和39的平均值。更多的三元素组被发现了，组内的3种元素有相似的化学性质，中间那个元素的原子量，要么非常精确，要么非常接近于头尾两个元素的原子量平均值。

然而，即便数字完全随机，人类也非常擅长从中发现某种数字巧合。于是，在本没有模式的地方却主观假定存在某种模式，成为诸多玄学和暧昧不明思想的基础（译者注：近现代以来，围绕金字塔的诸多数字巧合，与此相似）。到后来，如果谁声称观察到了越来越多的三元素组，化学家们就会对他的说法高度怀疑，尤其是要让这些三元素组成立，你就得先接受许多武断的假设。

例如，对于众多化合物，没有人能确保它们的化学式正确无误。今天，我们确认食盐的化学式是$NaCl$，但如果食盐的化学式实际上是$NaCl_2$又会如何呢？按照前面描述过的结果：60克氯和40克钠。但现在的情况就不再是氯比钠重，反倒是氯比钠要轻。如果氯比钠轻，能让你的三元素组说得通，你就会极力主张$NaCl_2$才是正确的化学式，因为没有任何人能证明你错了。

还好，一个新发现给这一团乱麻的情况带来了秩序。假设有两份气体，它们的温度、体积和压力都相等，那近似地说，它们就会有同样多的原子或者分子。因此如果你能把一种化合物分解成气体，你就能通过直接观察，获得该化合物中不同元素的相对数量比例，只需测量一下气体的体积就行。例如，你把水（H_2O）分解成氢气和氧气，很容易发现氢气的体积是氧气的两倍。

然而，糟糕的是，几种最常见的元素，如氢、氧、氮和氯，均以双原子气体分子的形式存在，这对上述方法来说是个陷阱。氢气不是飘来飘去的一大群氢原子（H），而是以氢气分子（H_2）的形式四处游荡。与此类似的还有氧气（O_2）、氮气（N_2）和氯气（Cl_2）。当你用这些气体的体积来估计你有多少原子时，你只会得到正确值的一半，因为这些气体（氢气、氧气等），不会因为其分子中含有两个原子，体积就相应地翻倍。

　　一旦认识到这些气体以双原子形式存在，相应元素的原子量就会进行调整。这似乎能解决问题，但并不彻底，氯元素仍然存在问题。即便极其小心地测量了氯原子的数量，氯的原子量依然不是整数，而是35.5，而所有其他已知元素的原子量可都是整数。

　　当时无人知道，为什么会有非整数的原子量。这是因为氯元素发生了一种非常罕见的情况，它拥有多种同位素，它们都是同一种元素，这些同位素的混合物产生了非整数原子量。如果这让你感到困惑，那你可以想象一下当时的情况，化学家们困惑了整整50年，然后才发现了同位素的线索，以及为什么它能影响元素的原子量。在本书后面部分，你会了解到很多有关同位素的事。

　　到19世纪中期，化学家们已经有不少可确信的化学式和原子量，不过他们中没人敢百分之百地保证它们真的正确。模式就在那里，在数据中十面埋伏着，被严肃的思想家和江湖骗子研究着。

　　整整一代化学家，即便是那些思想深刻的，对于元素的谜题也力所不及。所有已知的碎片不能和谐地拼在一起。为什么有如此多的三元素组？但同时还有那么多非三元素组元素？为什么除两种元素外，其他所有元素都有整数原子量？为什么元素的化学属性如此频繁地重复，但似乎又很随意，并且改变间隔的距离？人人都知道，这里面定然暗藏玄机，但每次建立可理解体系的尝试都陷入矛盾和混乱的深渊之中。

德米特里·伊万诺维奇·门捷列夫闯入了这片混乱之地，他极其聪明并异常傲慢。对待前后矛盾的地方，他只是简单地忽略它们。他制定了一张表，按原子量递增的顺序排列，然后，他把当时已知的每一个元素，都放进了表格相应的行和列中。在他的表格中，每一列所包含的元素会共享许多化学性质，它们彼此显然具有相关性。而对于不一致的地方，他就简单地断言，相关元素的原子量肯定是搞错了。

例如，在门捷列夫所处的时代，公认碘元素比碲元素轻，但他就把碘放到了碲后面。后来的事实证明，关于碘和碲，当时公认的重量的确错了，它们就像氯一样，重量被它们的同位素所干扰，那时候没人能搞懂这件事。

门捷列夫的直觉非常敏锐，他"知道"元素应该放在表格的何处。虽然他是用错误的理由来忽视碘和碲的原子量差异，但他的确把这两种元素放对了地方。他不仅调整了一些重要元素的位置，而且还在表格中留下了许多空位。他认为那些地方一定存在尚未发现的新元素，他还鲁莽地预测了这些新元素的化学性质。许多人认为他在胡说八道，标新立异解决不了问题。

但如果你真的对了，到最后，事实总会站到你这边。1869年，门捷列夫预测了8种新元素。其中最有名的是，他预测，存在一种新元素，其原子量在68左右，且化学性质介于铝和铟之间；存在一种新元素，原子量在72左右，且化学性质介于硅和锡之间。

1875年，镓被发现了：原子量为70，化学性质的确介于铝和铟之间。如果还有人怀疑门捷列夫不过是运气好，那么，1886年，锗被发现了，原子量为72.6，化学性质和他此前的预测完美吻合。

　　门捷列夫未获得诺贝尔奖，仅仅是因为那时还没有这个奖。到有了诺贝尔奖以后，他在化学领域已树敌众多，主要是因为他恼人的坦率。（也许值得一提的是，除了拥有一个科学上最重要的思想外，他的另一主要成就是给出了俄罗斯伏特加酒的技术指标，要求它至少包含40%的酒精。）（译者注：1906年，门捷列夫以一票之差无缘诺贝尔奖，是因为瑞典皇家科学院的化学家阿伦尼乌斯的反对，而门捷列夫曾批评过阿伦尼乌斯的研究论文。次年门捷列夫去世，这成为诺贝尔奖一大遗憾。）

　　门捷列夫的原始表格并不全部正确，但他把几乎所有已知元素放到了周期表中正确的位置上。门捷列夫同时代的其他人也发现了许多同样的模式，甚至画了十分相似的表格。在发现周期表一事上，谁该得到多少荣誉至今都有争论。但毫无疑问，门捷列夫的信心是最无畏的，预测是最大胆的，也是最标新立异的。

　　门捷列夫对他的元素分类非常有把握，对他来说，周期表不是一张抽象的由数字和字母组成的表格，而更像家庭相册，每一个成员带来熟悉的记忆和友谊。在门捷列夫眼中，碘就该归到卤素中去——和氟、溴和氯在一起——就像舅舅乔和舅妈萨莉就该在一起。而如果按照原子量的暗示，把碘和硒放到一起，这就是把舅妈萨莉和汤姆爷爷给配成了一对，简直错得离谱。（译者注：所以，门捷列夫毫不犹豫地认为碘的原子量一定是搞错了。）

　　如果你真的想了解元素周期表，第一步就是跟随门捷列夫的步伐，近距离地去切身了解元素，把它们当作血肉丰满的个体，而不是表格中的抽象概念。这正是本书中我们要做的事。但我们也有马后炮的优势，当了解元素的时候，我们也会知道基于物理学的现代理论阐释，这能解释为什么元素会以某种方式分组聚在一起。

　　如果能让门捷列夫看到今天闪耀着荣光的完整周期表，我愿意付出任何代价。我能想象他会以一种惊奇的目光凝视它，并对五代科学家站在他的肩膀上所取得的成就深感敬畏。孩子们，当他看到我们创造出崭新的自然界中没有的元素，并忠实地放进他的表格中时，他一定会瞪大眼睛。他是正确的，深刻地、真实地并疯狂地正确。

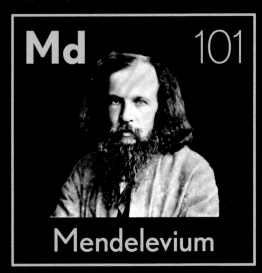

德米特里·伊万诺维奇·门捷列夫

元素周

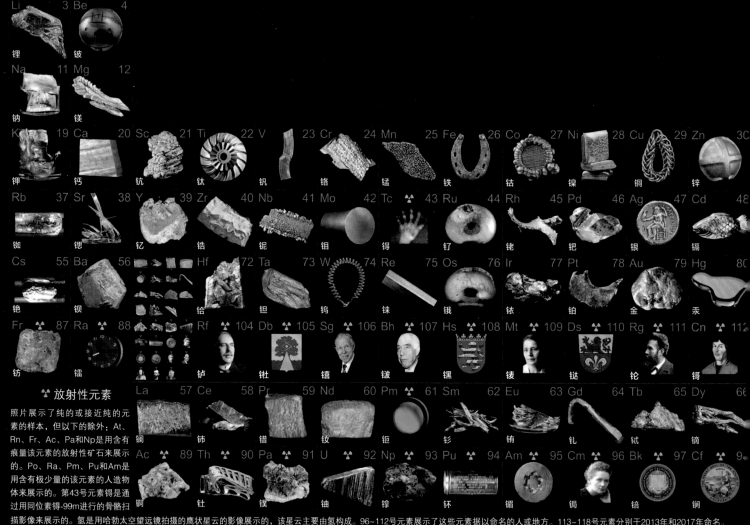

☢ **放射性元素**

照片展示了纯的或接近纯的元素的样本，但以下的除外：At、Rn、Fr、Ac、Pa和Np是用含有痕量该元素的放射性矿石来展示的。Po、Ra、Pm、Pu和Am是用含有极少量的该元素的人造物体来展示的。第43号元素锝是通过同位素锝-99m进行的骨骼扫描影像来展示的。氢是用哈勃太空望远镜拍摄的鹰状星云的影像展示的，该星云主要由氢构成。96~112号元素展示了这些元素据以命名的人或地方。113~118号元素分别于2013年和2017年命名。

挂图和摄影制作者：®Theodore W. Gray和Nick Mann。本挂图版权©2009为本书作者西奥多·格雷所有，但以下的摄影除外：H由NASA惠赠，Lr和Sg由劳伦斯伯克利国家实验室惠赠，Rf由曼彻斯特大学惠赠，Cm、Es、No和Rg的版权为诺贝尔基金会所有，Bh由尼尔斯·波尔档案馆惠赠，Fm由美国能源部惠赠，Mt由哈恩一迈特纳研究所惠赠，贝克利纹章由加利福尼亚大学董事会惠赠，Cf、Ds、Hs和Db由有关城市或州惠赠，Cn由波兰的哥白尼博物馆惠赠。

期表

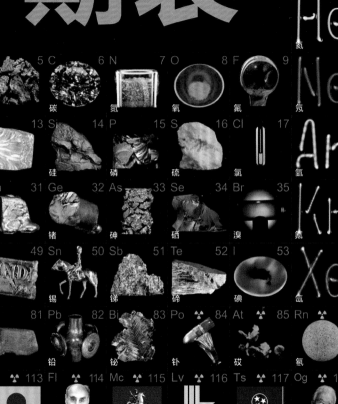

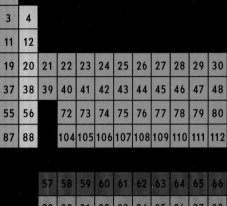

氢

H 1

氢

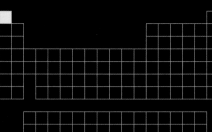

氢元素是万物的起点。它是元素周期表中的第一个元素，序号1。它是在宇宙大爆炸中创造出来的第一种元素，含量极其惊人。事实上，氢占宇宙总质量的75%，剩下的则几乎都是氦元素。

作为第一个元素，在多数周期表中，氢元素都位于第一列的顶端。但这个位置并不那么合理，因为这一列的其他成员，锂、钠、钾、铷、铯和钫都是固体软金属，被称为碱金属。这些金属都能和水反应，反应过程要么温柔要么暴烈。而氢元素则是一种气体，你一点都不用担心它会和水发生什么事。

也有一些化学属性将氢和碱金属关联到一起，如它们都能和位于第17列（倒数第二列）的卤素化合。以氯元素为例，与氢化合，得到盐酸（HCl）；与钠化合则得到食盐（NaCl）；与钾化合，则得到低钠饮食的人所使用的盐（KCl，作为食盐的替代品销售）。

将氢和碱金属归到同一族，还有些基于电子壳层的理由，氢和其他碱金属在最外层的s轨道中都只有一个电

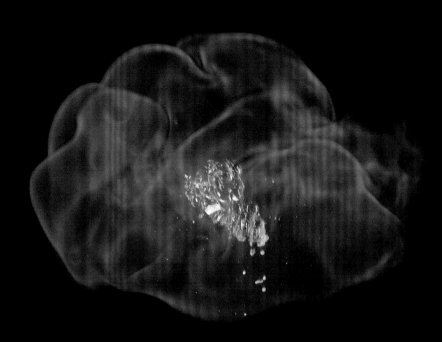

▽ 发出橙红色光芒的氢氧焰。

▲ 一个玩具火箭的发射装置。它利用电池提供的能量电解球形体中的水，产生氢气和氧气。然后，由一个点火线圈将氢氧混合气体点燃，产生动力。

子，这是它们有许多相似的化学属性的缘由。（参见附录1——壳层，可了解更多内容。）

但实际上，氢和所有其他元素差别甚大，它也许最适合自成一族。因此，在另一些周期表中，你会发现氢元素从第一列中被有意加以分隔，甚至干脆放在了完全不同的位置上。话说回来，这是众多示例中的第一个，它告诉我们，周期表或多或少是个约定俗成的产物，元素的排位并非纯粹的数学问题。

关于氢元素，我们已知的最让人惊讶的事实是，太阳消耗海量的氢元素，产生出我们赖以生存的光和热。太阳的能量主要来自于两个氢元素转变为一个氦元素的核聚变反应，该反应能释放出大量的能量。按照爱因斯坦的著名公式——$E=MC^2$，在氢氦聚变的过程中，损失的质量转换为能量释放。在太阳中，聚变600 000 000吨氢只能得到596 000 000吨氦，消失的4 000 000吨质量则转换成了能量。

这4 000 000吨质量生成的能量，向太阳的四周辐射出去，其中微不足道的一点点，约3.5磅（1.589千克）质量所产生的能量，照耀地球，但这就是我们的万物之源。所有的光、热和食物以及日升日落，你所看所做的一切，都因这600 000 000吨氢元素的奉献而推动。

哦，也许你会惊讶，600 000 000吨消耗量的单位是每秒钟。如果这没有让你感到自己的渺小和微不足道，那是因为你完全没搞懂这件事的恐怖程度。人类最大的热核武器，仅能将1磅（0.454千克）的质量转换为能量，而太阳每秒钟转换的能量是人类超级武器的8.8×10^9倍之多。

▽ 氢元素占太阳质量的**75%**，因此这显然是该元素极其恰当的示例。

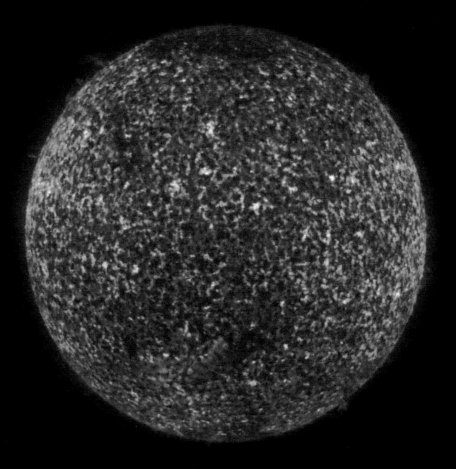

▲ 氢元素占宇宙质量的**75%**。这是哈勃太空望远镜所拍摄的著名的"哈勃深空"
（译者注：这是我们所能看到的最深远的宇宙影像，并由此开拓了一个新的研究领域）。

Li 3

锂

Na 11

钠

K 19

钾

Rb 37

铷

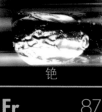

Cs 55

铯

Fr 87

钫

碱金属

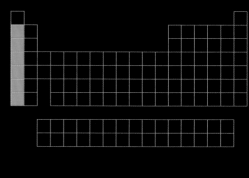

除氢元素外，周期表第一列是碱金属列，是最有趣的一族元素，其中之最者又属于钠，碱金属中的老二。

要明白钠的有趣之处，你得退一步先搞清楚周期表的趋势。门捷列夫和其他人发现，通过特定化学特征的联系，各种元素可以分门别类；此外，他们还发现，在同类元素中，随着原子量的增加，即元素越来越重（例如：周期表中越下面的元素越重），这种特征经常会发生规律性的变化，其趋势为该特征要么增强要么减弱。

而碱金属和水的反应模式，则给这种化学特征

变化的趋势提供了一个最简单清晰的范例。

从第一列的顶上开始，锂元素（一种软而轻的金属），当它接触到水时，会发出嘶嘶声并产生少量的飞溅，这是因为它产生了氢气，可以用这样一个化学方程式来描述这个过程：$Li+H_2O \rightarrow H_2+LiOH$。其中Li表示锂元素，$H_2O$表示水，$H_2$则表示产生的氢气，LiOH是氢氧化锂（最后它会溶解在水中）。

所有的碱金属都有这个基础化学反应：如钠和水同样产生氢气以及钠的氢氧化物，等等。碱金属的名字正是来源于这个反应，因为所有碱金属的氢氧化物，溶于水后都是强碱（与碱对应的是酸）。

虽然所有的碱金属都有同样的和水反应的化学方程式，但不同的碱金属彼此之间有一个关键的差异：反应速度。锂的反应速度很慢，一小块漂在一碗水中的锂，要花几分钟的时间才能反应完毕。

钠的反应则快得多，一块钠仅需几秒钟就能完全反应，同时急剧释放的热能常常足以点燃产生的氢气，通常会因此发生爆炸。

钾的反应更快，以至于无法完全和水反应。因为钾一接触到水的表面，就会产生出一朵漂亮的紫色火焰，火焰将剩下的钾熔化并向四周溅射出去。铷的反应速度堪称暴烈，它触水即跳，很难让它老老实实地和水待在一起反应，这是因为氢气产生的速度太快了，就像火箭喷射一样将剩下的铷发射出水面。

铯更加疯狂，大概只有一种办法能让它和水待一会儿，那就是将铯装在小玻璃瓶中，然后在水底打碎它。即便是这样，你大约也只能看到一个腾空而起的火球，将铯喷出容器，而铯仅仅和水反应了很少的一点。

整个周期表的核心要素就体现在这常规变化模式上。

你看，这就是为什么我说钠是最好玩的碱金属。也许你认为应该是铯，因为它的反应最暴烈，但钠的反应速度恰到好处，在温度上升到足以点燃氢气之前，它有时间积累一大团氢气，因此你能得到一个巨大的火球。而锂的速度太慢，钾、铷和铯则过于迅速。如果你的目的就是制造一次大爆炸，那么钠是完美的。否则它恰到好处的反应速度让它变得格外危险，如何处理它就成了件颇让人头疼的事情。

▶ 这张照片摄自2002年的一次钠狂欢派对中，派对共消耗了2磅（0.908千克）的钠，我们将它投到各种各样盛有水的器皿中。

锂

▷ 锂元素的纯金属样品，软得能用指甲切割。

| Li | | 3 |

锂

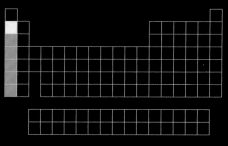

锂在周期表中位于氢元素正下方，就在氦元素之后。如你所想的一样，锂元素很轻。除了气体元素之外，锂是最轻的。而当气体液化后，除了液氢和液氦，锂的密度比所有其他液体都小，因此能漂浮在它们之上。当然，锂不能浮在水中（译者注：锂的密度比水轻，参见前面的化学反应），它会漂浮在保护它的石蜡油上。由于这个原因，凡士林常被用来代替矿物油作为保护剂，因为锂实在太轻了。

如果你就是要把锂放在水中，那它就会和水起反应，它从水（H_2O）中偷走氧元素，并同时释放氢气泡。这显示了周期表最左列元素的一个趋势，下面的元素能将同一列上面的元素从化合物中置换出来，锂吸引氧元素的能力比氢强，因此它们互相交换位置，同时这个过程中会释放出热量。

当氢处于极大的压力之下时，它会转变成金属态（译者注：即金属氢，据认为木星核心的氢就处于这种状态）。如果忽略不计这种极端情况，那么锂就是周期表中的第一种金属元素。锂是金属的原因是，当一大群锂原子聚集在一块的时候，它们的外层电子可以在这个聚合体中四处游荡，因为能牵制这些电子自由行动的力——来自于原子核——实在太微弱了。这就使金属成为热和电的良导体，电子的流动产生了电流，同时它们也能传递原子的振动能，而原子的振动能对我们而言就是热能。

▲ 一块手提电脑用的次品锂电池，它肿胀到正常厚度的2倍。锂电池因其轻巧，是便携式电子设备中的宠儿。

顺着碱金属列往下，从一大坨金属中分离出一个原子所需要的能量降低，而从原子中释放一个电子所需的能量，因同样的原因，也同样下降（随着电子增多，外层电子离原子核越来越远，因此它所受到的束缚也越来越小）。这两个效应解释了上文中不同的碱金属与水反应的模式差异。不过，上文中只描述了它们和水反应的速度差异。但实际上，越下面的碱金属和水反应最终释放出的能量越少。锂元素和水反应所释放出的能量是碱金属中最多的，它只不过是反应速度慢了一些而已。

这正是我们拥有的是锂电池而不是钠电池或者铯电池的原因。电池中的锂产生超过3伏的电压，铯紧随

七喜苏打水广告，直到1950年，它还含有柠檬酸锂，那是一种稳定情绪的药物。

锂之后，然后是铷、钾和钠。除锂之外，这个顺序正如预期。锂本来应该是最后一名，但它却跳到了第一名，这是因为它的原子实在是太小了，这让它和水反应得更好，虽然实在是慢了一些。

电压并非在电池中使用锂的唯一原因，锂非常非常轻，因此当重量是个关键因素时，锂电池就会闪亮登场。例如，汽车的启动和停止都是要耗能的，越重耗能就越多。其次，消费者需要随身携带的小工具，重量因素同样是必须考虑的。在电动飞机中，重量或许是最受关注的因素，使用锂离子和高分子锂电池对于获得更长的飞行时间而言则是必需的。

在用于制造喷气式飞机和导弹的合金材料中，锂的轻巧也大有可用之处。铝合金中添加少量的锂（约2%~3%）可以减轻重量。添加2%的锂就可减轻6%的重量，因为添加的锂同时还能将合金的强度增加10%，这意味着只需更少的合金材料，就能达到与从前同样的强度。

▲ 一节普通的含锂电池，可能是给相机用的。

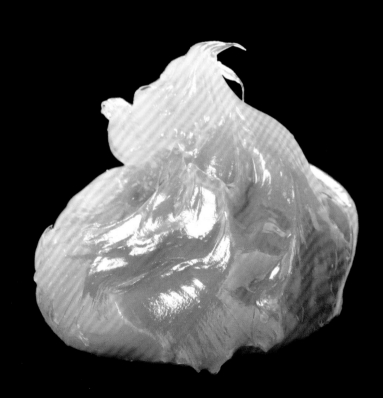

▲ 含锂的润滑用油脂，可在高温下维持胶冻状，其他类型的润滑脂在高温下则会液化。

钠

钠是碱金属中最常见的元素，它在地球外壳含量最丰富的元素中排第七，在人体中则排第九。钠的氯化物作为餐桌上的盐而广为人知。

钠的化合物均易溶于水，陆地上大多数钠经过雨水和河水的长时间冲刷，都汇流入海。多数植物不需要钠，但动物需要钠离子来调节体液平衡并传递神经冲动。因为陆地上的食盐极其珍稀，我们为此演化出特别的味觉，来帮助我们在陆地上寻找它的影踪。而这正是我们喜欢咸的东西的原因，因为我们的身体需要钠。

火焰中的钠发出明黄色的光。由于含有钠，热熔状态下的玻璃呈黄色。充有低压钠蒸气的灯发出黄色的光，由钠的强谱线所支配，产生的几乎是单色光。钠金属同样柔软，用一把小刀就能轻易切割它，在空气中也会迅速被氧化。钠是热的良导体，它吸收中子的速度不快，因此钠可作为核电站的冷却剂使用。钠钾合金是液态金属，其熔点为零下11摄氏度，因此在核反应堆停止运行的时候，不会出现冷却剂凝固这样的问题。但不幸的是，这种合金在空气中会自燃，这给核反应堆的安全性带来了新麻烦。

△ 混有金属镁或者铝的薄屑的氢氧化钠，用于疏通下水道。当氢氧化钠溶于水时，镁或铝的薄屑会产生氢气，因此会产生大量的泡沫。

一块软的银白色钠块，用刀切割下来后保存在油中。在空气中，钠块会在数秒内变白，在水中，融化的钠块产生一个爆炸的火球。

Na 11

钠

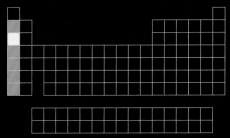

一只游泳就会发生爆炸的鸭子——用金属钠制作。

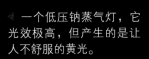

一个低压钠蒸气灯，它光效极高，但产生的是让人不舒服的黄光。

钾

K 19

钾

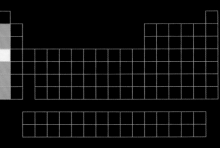

这些柔软钾块表面的紫色色彩来自于极薄的一层氧化物。暴露在空气中数秒，它们就会变黑。和水接触则会爆炸，并发射呈典型紫红色的燃烧液滴。

钾和钠非常相似，它们都能浮在水上，具有同样的银色光泽，在空气中都会迅速氧化。氯化钾同样有咸味，可作为食盐的替代品。尽管如此，与钠不同的是，植物需要钾（如果你还记得的话，动物更需要钠）。化肥的三要素正是氮、磷和钾。人类生产的钾化合物，超过90%用于制造化肥。

在最轻金属排行榜中，钾仅比锂重。通常情况下，从周期表的同一列往下，随着金属类元素质量的增加，其密度也随之增加，但钾是个例外，它的密度比上面的钠小。自然界中还有一部分钾有放射性，即钾40，不过这种放射性同位素，仅占钾总量中的0.0117%。事实上，地球内部的热能来源之一就是各种各样的放射性元素。钾40最终会衰变为氩，这是地球上氩的最主要的来源。食盐的替代品——氯化钾，常用来在教室里演示盖革计数器的功能。钾40也是人体中主要的放射性元素。

钾和钠一样是人类膳食中必需提供的元素。钠钾离子平衡才能保证细胞内外液体的流动方向正确，同时神经元的电信号传递也依赖于这两种元素离子正确地进出细胞。钾离子比钠离子大，细胞因此能分辨这两种不同的离子，细胞膜上有特定的蛋白质泵负责管理这两种离子进出细胞。（译者注：人体每日大约1/3的能量消耗在维持这两种离子的不均衡分布中。一般而言，细胞外钠离子多，细胞内则钾离子多。）

香蕉富含钾，因此它集保健和放射性于一体。

铷

▶ 装有1克高反应活性铷金属的安瓿，如果它破裂了，铷会立刻自燃。

Rb 37

铷

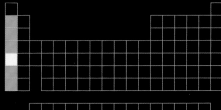

铷和钾很相似。铷虽然在工业上没什么用处，但在某些特定的科学研究中，铷独特的性质使它成为一种相当理想的材料。例如：用铷制造原子钟、磁流体发电机、用于激光冷却，以及制造玻色—爱因斯坦凝聚物。铷原子钟与铯原子钟相比，即廉价又小巧，这些原子钟被用在手机信号塔和其他需要高精度时间的地方。

尽管铷的化学性质和钾非常相似，但在生物体中并没有它的踪迹，因此当我们想研究钾在活细胞中的行为时，铷常被用来作为钾的标记物。

当我们顺着碱金属列下行，就会发现沿途所遇到的元素的熔点会规律性地一直下降。原子越大，它们抓住电子的能力就越差，因此它们也就变得越来越容易熔化和沸腾。在约39.3摄氏度的炎热天气中，铷会转变为液态金属。

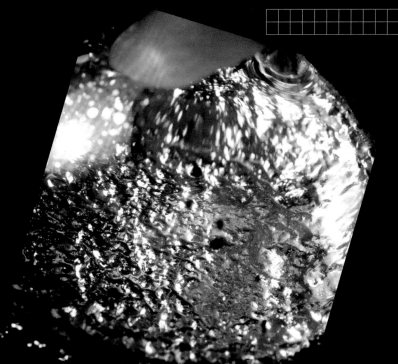

▶ 要让安瓿中的钾一丁点都不氧化难如登天，但这个瓶子中的225克钾真的纯净无瑕。

铯

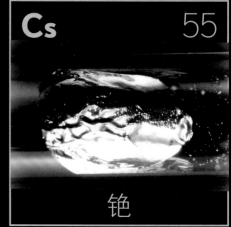

如果你把这个安瓿握在掌心，其内的铯会很快熔化成一摊美丽的金色液体。这个安瓿如果突然破裂，那么其中的铯会立即燃烧起来。

不必惊讶，铯和铷非常相似。铯原子钟保持着极其精确的时间，铯也因此而闻名。

铯是最软的金属（钫的硬度尚未测量，因此某天铯也许会失去这个特征）。在金属中，铯拥有极其罕见的颜色——亮金色。它的熔点甚至比铷还低，为28.39摄氏度，一个相当温暖的温度。拥有更低熔点的纯金属，只有汞（也称水银）为零下38.8摄氏度。但如果算上合金的话，汞就不是最低的了。有一种由铯、钠和钾组成的合金，其熔点仅有零下78摄氏度，是所有已知合金中最低的。

铯位于碱金属列如此低的位置上，与我们所预期一致，它的化学性质非常活泼。它会在空气中自燃，遇水发生爆炸，甚至能和冰块起反应。

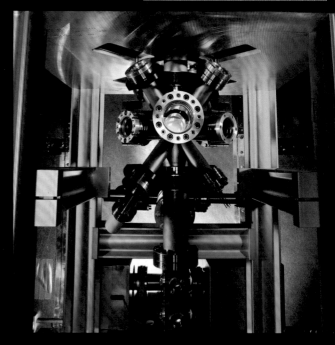

铯原子喷泉钟基部的真空室，位于英格兰国家实验室。

◁ 甲酸铯粉末，可溶解或悬浮在水中，用作深井石油钻井液。这种溶液密度极高，能使石屑和尘土从深井底浮上来。

钫

▷ 这片硅酸钍矿石（Th,U）SiO在任意时刻都可能产生几个钫原子，这来自于钍和铀复杂衰变链的部分结果。

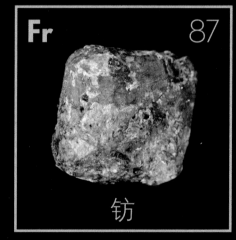

Fr 87

钫

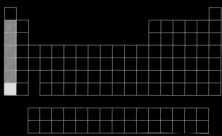

钫极其稀少，在自然界存在的元素中，其丰度仅高于砹，同时它还有放射性。钫最稳定的同位素，半衰期也只有22分钟。在任何时刻，整个地壳中所存在的钫不会超过1盎司（约28.35克），而且时时刻刻，这1盎司的钫已经不是刚才那1盎司，可谓方生方死。

在地球上自然存在的元素中，钫是最后一个被找到的元素，其后发现的新元素都来自于粒子加速器或者核反应堆。

 **Be** 4 铍	# 碱土金属

Mg 12

镁

Ca 20
钙

Sr 38
锶

Ba 56
钡

Ra 88

镭

正如碱金属一样，顺着周期表中碱土金属列往下，碱土金属也越来越活泼。该列的首位元素是铍。它既轻又脆且有腐蚀性，集这3种属性于一身在金属中并非常事。但铍真的是一种金属，因为它既能导电，其强度也足以承受机械加工，同时还有毫不含糊的金属光泽。作为一种金属，铍被用于导弹和战斗机中，虽然它既昂贵还有毒，但在所有可用的金属中，铍是最轻的一种，这个巨大的优点，让上述麻烦不再算什么问题。

即使你把铍烧得通红，它也不会和水起反应。这是由于碱土金属的活泼性本来就比碱金属差，同时铍还是其中的首个元素。铍一旦接触到空气或水，它的表面就会形成一层致密的氧化膜来保护它，这就阻止了铍进一步和水或者空气继续反应。

　　该族元素的下一个是镁，比我们所想的金属更像一种金属。当然，它的柔韧性远不及铜和金，但它已经不像铍那么硬和脆。镁很坚固，加热后即可加工，并有良好的结构属性。镁可能和水反应并溶解在其中，这取决于它是否能像铍那样迅速地形成一层保护膜。与铍的不同之处是，镁能在空气中点燃，生成氧化镁，或者在水蒸气中，生成氢气和氧化镁。

　　顺着这列元素继续向下，就遇到了钙。正如所料，钙比镁活泼，能从水中解放氢元素，并形成被称为石灰水的碱性溶液。锶和水的反应则更加活泼，钡当然更胜一筹，和此前在碱金属中遇到的模式一样。实际上，它们和水的反应与锂相似。

　　碱土金属的最外层电子有2个，它们容易同时失去这2个电子。1个镁原子会和2个氟原子反应（每个氟原子都极度渴望得到1个电子，以饱和它们的最外层电子数），并生成二氟化镁（MgF_2）。氧的最外层有2个电子位空缺，因此镁把2个电子全都交给氧，生成氧化镁（MgO）。

　　碱土金属的最外层电子在金属中不会待在原位，而是在原子和原子间游荡，任何一个原子对它们的吸引力都不会超过其他的原子。外层电子的这种行为正是金属的特征，这种现象被称为金属键。金属键使得金属成为热和电的良导体，并赋予它们金属的光泽，也让它们不像非金属元素那样脆，而是有一定韧性。

碱金属只有1个电子用来形成金属键，而碱土金属则有2个，同时它们比起碱金属也多1个质子，质子吸引电子，让它们更靠近原子核。因此，碱土金属的金属键比起它们的碱金属邻居更加强健，这赋予它们更高的熔点和沸点。例如：锂的熔点才180摄氏度，而铍则高达1287摄氏度。

铍的原子核把它的外层电子抓得太牢，以至于它差点就不能算是一种金属。比如，铍的化合物不能溶解在水中，因此生命有机体不会主动使用它，如一旦铍进入身体，就是一种剧毒。

然而，就在铍元素下面，同列的镁和钙却是这个星球上每一种生命所必需的元素。植物中的叶绿素需要镁才能正常工作；钙则用于形成我们的骨头和牙齿。钙和镁互相协同，还能把物质泵进泵出细胞。

我们可能猜测，生命所需要的元素应该是易于获得的。锶和钡相对稀少不会被生物使用。不过，例外总是存在，某些珊瑚虫就是利用锶来建造它们的礁石的。

▶ 你能见到的最纯的钡样品。

铍

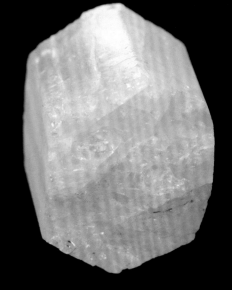

碱土金属的第一种元素——铍，是货真价实的宝石。它发现于绿宝石矿中，也许更普通的名字是海蓝宝石和翡翠。铍拥有的强力化学键使得铍铝硅酸盐中和它结合的其他原子也变得坚硬，这就形成了绿宝石。

作为一种纯金属，铍既轻又脆；它在非常大的温度范围内能保持刚性和稳定，并且导热性良好。总之，这些品性对航空航天应用而言非常具有吸引力，例如在飞机刹车片、火箭喷嘴、陀螺仪和导弹的结构部分都有铍的踪影。

在铜合金中添加铍能增加机械强度、弹性，以及对抗金属疲劳的能力，同时不会因此干扰铜优良的导电性，它还有耐腐蚀和天然无磁性的特点。铍铜合金因此被用于制造弹簧。另外，铍铜合金在碰撞时不会起火花，所以也被用于制造电门（包括触点点焊），以及专用于在四处都是爆炸性气体的环境中所使用的工具。

铍非常坚硬，在遇热遇冷时不会轻易发生变形，再加上它的重量很轻，这使得铍可用于制作气象卫星的大镜子和太空望远镜。为了更好地进行红外线观测，詹姆斯·韦伯太空望远镜和斯皮策太空望远镜镜子需要冷却到零下240摄氏度，所以它们都是用铍制作的。

因为铍没有磁性，含有它的物体就可以在拥有强磁场的仪器附近使用，如核磁共振成像仪；铍制作的工具也被用来调节微波发射机，以及拆除磁性水雷。

如果不是铍毒性实在太强，它

▲ 一小块绿宝石，有着好看的蓝绿色。

▷ 一块破碎的精炼铍的晶体，它熔化后也许能成为导弹或者宇宙飞船的一部分。

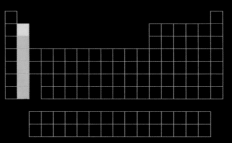

Be

4

铍

还能更加有用。铍的化合物曾用于荧光灯中作为磷光用，直到人们发现它让工人生病为止。早期的化学家们不知道这种与他们相伴的元素有极强的毒性，他们甚至发现铍的化合物有甜味，于是把它称为糖铍。

对多种核辐射而言，铍几乎是透明的，但是它能反射和吸收中子。这让它在核能上有用，1945年投掷在长崎的那颗原子弹——钚弹——就使用了铍作为中子的反射镜。它也能在核反应堆中扮演中子倍增者，因为当它吸收一个中子后，铍裂解为2个氦原子，同时释放出2个中子。当它被阿尔法粒子击中后，铍也能释放中子，因此它和钋混合后，作为第一颗钚弹的引发剂。

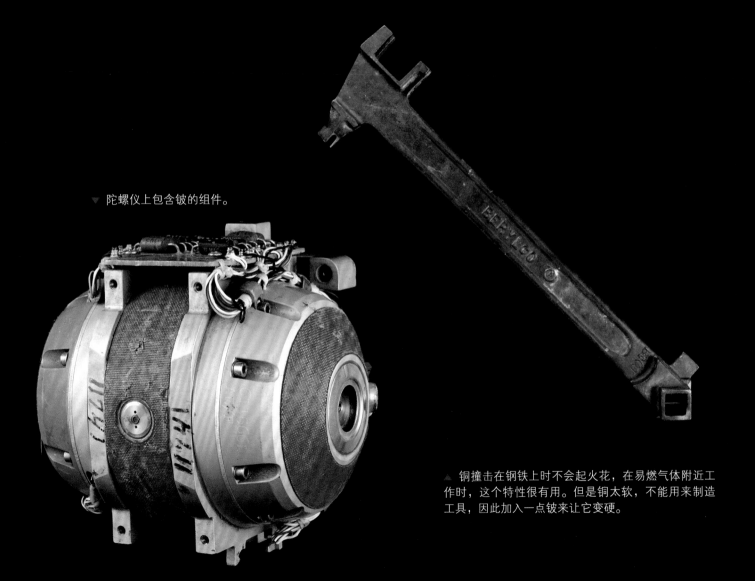

▼ 陀螺仪上包含铍的组件。

▲ 铜撞击在钢铁上时不会起火花，在易燃气体附近工作时，这个特性很有用。但是铜太软，不能用来制造工具，因此加入一点铍来让它变硬。

镁

顺着该列往下，就会遇到一种熟悉的金属——镁。镁合金用于制造镁车轮，可减轻车重并改善控制性。（买主须知：许多号称是镁车轮的产品实际上是使用铝合金制造的，它们含有的镁很少，不足以减轻车轮的重量。）为了增强燃料的能效，轻型的镁合金也用于制造车辆的框架、车体和发动机气缸。相机、手机和笔记本电脑的金属部分要想减轻重量，也常常使用镁合金。

最常见结构金属中，镁排第三，仅次于铁和铝。

镁在燃烧时会发起明亮的白光，它也因此而闻名，闪光弹、焰火以及老式摄影机的闪光灯中都使用镁。镁的燃点为630摄氏度，刚好低于它650摄氏度的熔点。这意味着燃烧中的镁会开始熔化。已熔化的表层会让那些尚未着火的镁也随之熔化。镁燃烧时温度很高，这让镁皮成为点燃营火的好材料。在铝热剂中，镁的高温也用于点燃难燃的混合物。另外，镁粉特别容易着火。

即便在室温下，镁也能和水反应，缓慢地释放氢气。因此，一旦点燃，镁就能在水下继续燃烧。（译者注：因为高温的镁和水反应，会释放氧气和氢气，氧气继续氧化镁，让它维持住燃烧的状态。）这就是说，扑灭镁引发的火灾极其艰难。燃起来的镁不仅与空气中的氧反应，也能与氮气和二氧化碳反应。即便在零下78.5摄氏度的干冰中，镁也能继续燃烧下去。战争中的燃烧弹也曾使用镁，由镁燃烧弹所引

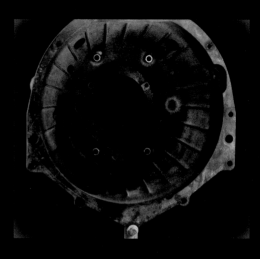

购买自 **eBay** 上的一个镁制离合器壳。广告声称，该离合器来自于一个主流全美汽车比赛协会车队，并有比赛证明。

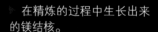

在精炼的过程中生长出来的镁结核。

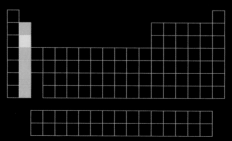

Mg 12

镁

发的城市大火只能用干沙扑灭。

在地壳中，氧化镁是最常见的化合物之一，仅次于二氧化硅。镁离子也是海水的主要成分之一，工厂中使用的绝大多数镁来自于海盐。将氢氧化镁转变为氯化镁后，就能用电解法得到金属镁。

对于大多数生命，镁是一种必需的营养素。没有它叶绿素就会停止工作，所有使用ATP（ATP是一种磷酸盐，也是细胞的能量之源）的酶都需要它。其他含镁的酶则负责催化构成DNA和RNA的磷酸盐的反应。你身体中大约有20克镁，多数储存在骨骼中，能增加骨骼的强度。镁缺乏症在人类中常见，糖尿病、骨质疏松症以及哮喘都与镁缺乏有一定关系。

膳食中的镁帮助吸收食物中的钙，这或许就是镁对预防骨质疏松症重要的原因。由于叶绿素中含有镁，绿叶蔬菜就是食物中的镁的常见来源。镁的化合物在药箱中也很常见：埃普索姆盐就是硫酸镁；泻药镁乳，一种温和的抗酸剂，则是氢氧化镁。

△ 叶绿素让植物呈绿色，并进行光合作用。叶绿素活性中心含有镁离子。

◁ 20世纪20年代的镁粉闪光灯。

钙

纯钙是一种银白色的金属。只有在化合物的状态下，钙才表现出白垩样的特质。

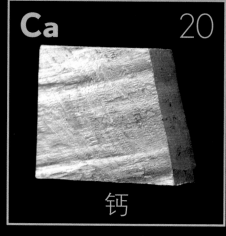

Ca 20

钙

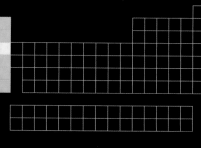

通常把钙视作日常膳食中的一种重要矿物质，因为构成我们骨头和牙齿的正是磷酸钙。

至于钙的纯金属形式是怎样与空气和水起反应的，这不在我们的日常经验之中。在室温下，金属钙的活性很高，除氧气之外，它甚至还能和氮气化合。切开钙金属，新的表面会迅速被钙的氧化物和氮化物覆盖，这意味着你永远不可能在野外找到金属形态的钙。碱土金属比碱金属多一个"土"字，是因为碱土金属和水反应后形成的氢氧化物难溶于水，而碱金属则恰好相反。在这种语境中，"土"仅简单地表示不溶于水。

钙和水的反应活性比镁强（别忘记，镁在钙之上，也是碱土金属），钙在水中释放出氢气泡并转变为氢氧化钙。如上所述，这种化合物的水溶性不高。最终，水转变为牛奶样的白色悬浊液。向石灰水中吹气，会让它更像一杯牛奶。你呼出的气体中的二氧化碳会把氢氧化钙转变为碳酸钙（即白垩）。

钙是石灰循环中的关键要素，是石灰浆的主要成分。在硅酸盐水泥发明前，石灰浆是砖泥中最重要的成分。石灰循环开始于石灰石（碳酸钙），在石窑中用木头烘烤石灰石，它释放二氧化碳后转变为生石灰（氧化钙），生石灰遇水转变为熟石灰（氢氧化钙），然后加入沙子得到灰浆。经过一段时间后，也许是几天、几周或者几年，灰浆从空气中吸收二氧化碳，把熟石灰再次转变回石灰石（碳酸钙）。通过利用暂存在大气中的二氧化碳（烤石灰石的时候会释放二氧化碳），石灰循环提供了

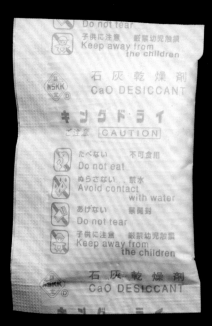

▶ 用生石灰（氧化钙，CaO）做干燥剂并不常见。如果你向生石灰上浇水，它就会大量放热，并产生水蒸气，甚至会让水沸腾。

一种精确重塑石灰石形状的效果，比如把砖块牢牢地结合成一个整体。

与碱金属形成的强碱不同，氢氧化钙作为一种更加安全的碱，不仅用于中和自来水的酸性，也用于沉淀水中的微粒。这正是多数自来水比最初水源中的水更硬（即含有更多的钙和镁）的缘由。

中和水中的酸可改善水的味道并防止酸对水管的腐蚀。纯的钙金属并无大用，但钙的各种化合物是许多建筑材料（比如水泥、石膏板、白垩、石灰石和大理石）中的关键成分。在利用钙化合物作为建材方面，人类并非唯一。在微生物、软体动物的壳以及珊瑚礁中，你会发现碳酸钙和磷酸钙。其实，沉积岩中的石灰岩就起源于这类生物体中的碳酸钙。

▶ 在多冰的人行道上撒氯化钙可融化冰，据说比使用氯化钠能更加快速地融冰，对路面的损伤也更小。

▶ 高纯钙的金属结块放在充满氩气的安瓿中。

碱土金属 43

锶

锶甚至比钙还要柔软，钙是锶楼上的邻居，它们都在碱土金属那一列。锶同样能和水反应，并更加剧烈，其实，锶的粉末能在空气中自燃。为防止氧化，锶的金属样品通常被保存在矿物油、煤油以及氩气中。

焰火中锶的化合物产生明亮的红色。钙、锶和钡都重得足以挡住X射线，这就是骨头为何能在胶片上显示出阴影（它们看起来是白色的，是因为胶片是底片）的原因。锶和钡的化合物作为造影剂使用，通过在胃肠道和食道上覆盖一层造影剂，可以让这些组织的形状清晰地显示在X射线胶片上。

锶和钙极其相似，身体在建造骨骼和牙齿时不能把它们区别开，这就是个问题。锶的放射性同位素锶90，是辐射尘中的主要放射性成分，它可来自于核爆炸和核电站反应炉核心熔毁事故。锶90的半衰期长达28年，这意味着它会长时间逗留在环境中并通过食物链富集。当它进入骨骼后，它产生的贝塔粒子持续辐射周围组织，而高剂量的辐射会引发癌症甚至产生急性放射病。

锶的另一种放射性同位素锶89的半衰期很短，只有50天，它被用来治疗骨癌。少量的锶89会进入正常细胞，但多数会进入快速生长的癌细胞，它会在癌组织中富集，并伤害和杀死癌细胞。

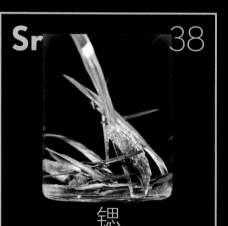

Sr
38
锶

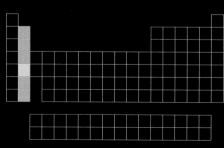

纯的锶金属，尽管储存在矿物油中，但仍然被轻微地氧化了。

钡 镭

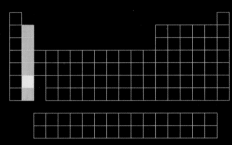 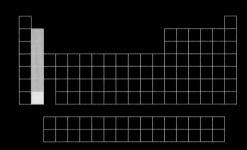

钡的化合物因其重量和不溶性，被用于钻井泥浆中。钡这个词正来自于希腊文中的"重"。

钡在X射线检查中，作为造影剂给肠道成像，这或许让它广为人知。只有钡的不可溶化合物能用于医学，因为钡的可溶化合物是有毒的，比如用来毒老鼠的碳酸钡。

类似于锶，钡也被用于烟花中，它能让火焰呈绿色并产生明亮的火星。掺入玻璃中的钡可增加玻璃的折射率。

玛丽·居里让镭成为一种著名的金属。它十分稀有。1吨铀矿石中含有的镭不到1克，但镭的放射性比铀强百万倍，所以铀矿石的放射性主要来自于镭。它强烈的放射性在某些时候很有用，比如黑夜中的表盘，在那里镭的放射性能使磷发光。如同锶一样，我们的身体会把镭掺入骨骼中，在那里镭强烈的放射性足以造成骨髓的损伤并导致骨癌。

◁ 纯钡是一种有光泽的金属，正如许多其他元素的天性一样。

Ba 56

钡

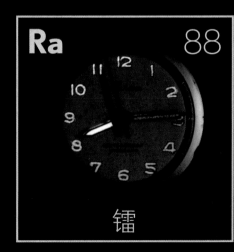

Ra 88

镭

▷ 夜光表和钟的数字和指针上面所需的镭采用的是手工描绘，妇女们使用极小的刷子来干这活，她们通过舔刷子得到更细的笔尖，这种工艺技巧最终给我们带来了现代劳动法。

过渡金属

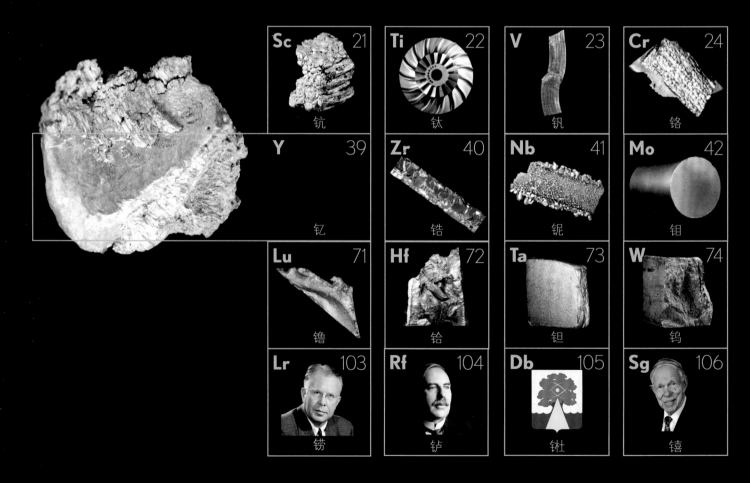

Sc 21 铳	**Ti** 22 钛	**V** 23 钒	**Cr** 24 铬
Y 39 钇	**Zr** 40 锆	**Nb** 41 铌	**Mo** 42 钼
Lu 71 镥	**Hf** 72 铪	**Ta** 73 钽	**W** 74 钨
Lr 103 铹	**Rf** 104 𬬻	**Db** 105 𬭊	**Sg** 106 𬭳

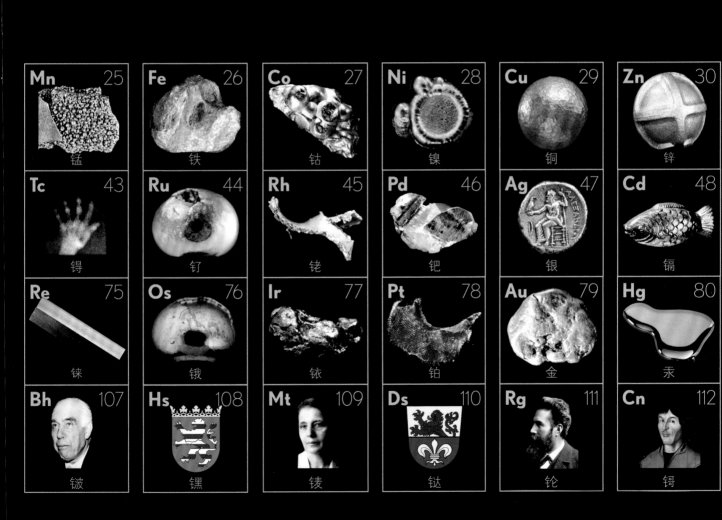

Mn 25 锰	Fe 26 铁	Co 27 钴	Ni 28 镍	Cu 29 铜	Zn 30 锌
Tc 43 锝	Ru 44 钌	Rh 45 铑	Pd 46 钯	Ag 47 银	Cd 48 镉
Re 75 铼	Os 76 锇	Ir 77 铱	Pt 78 铂	Au 79 金	Hg 80 汞
Bh 107 𨨏	Hs 108 𨭆	Mt 109 鿏	Ds 110 𫟼	Rg 111 𬬭	Cn 112 鿔

周期表中部矩形框中居住着最大的一族元素，它们共享一个通用的原子结构（参见附录1——壳层），这能够解释它们在化学和物理性质上的相似性。本族元素难以归类。锌、镉和汞有时候也被归于此类，即便它们的反应模式与典型的过渡金属并不相同。锕系元素和镧系元素也拥有过渡金属的性质。

和其他族的元素相比，过渡金属得失电子的模式更为多样。这种多样性使它们能够和其他元素一起形成络合物，并且它还能让过渡金属降低某些化学反应的活化能，即催化作用。作为催化剂使用的过渡金属，让化工产业能以低廉的价格生产许多有用的化合物。

过渡金属化合物的颜色特别丰富多彩，如呈蓝色的铜化合物，呈紫色的锰化合物，呈红色的铁和钴化合物，这些色彩都源于过渡金属多样的化学和物理性质。

在过渡金属中存在最有趣的磁效应。（参见附录3——过渡金属的磁学性质）。但除了3种被磁场强烈吸引的过渡金属以外，大多数过渡金属并不容易被磁场吸引。

过渡金属中的子族共享某些让它们显得特别的属性，如铂族金属，造币金属、难熔金属和铁磁金属。

铂族金属

钌、铑、钯、铱、锇和铂这6种金属构成一组，它们的性质很相似，常共存于矿石中。按元素在地壳中所占的百分比为标准，它们都是最稀有的元素。铂族金属全都具有密度高、熔点高、耐腐蚀和耐用的特点。它们都是优良的催化剂。这些特性使它们在工业应用和珠宝行业中都很有价值。稀缺，加上诸多让人满意的特点，让铂族金属价格高昂。

贵金属

把金和银加入到铂族元素组中，你就得到了所谓的贵金属。有时，汞和铼也包括在本组中。贵金属之所以贵，来自于它们耐腐蚀的性能，以及它们在珠宝行业、美术、商业和许多工业环境中的高人气值。该族金属中，首先被发现的是金和银，它们也是最容易被人类利用的金属。

铁磁金属

铁、钴和镍能被磁体强烈吸引，它们也正因此才脱颖而出。该族元素用铁来命名，是因为铁的磁性表现最为强烈。它们的化合物也经常带有磁性。在有限的温度范围内，也有些非铁磁金属族的元素具有弱磁性，但在高温下，没有任何元素的磁性能和这3种金属相比拟。

难熔金属

与大多数其他元素相比，过渡金属的密度更大，熔点也更高。一般来说，周期表中按从左到右或从上到下的顺序，元素的密度和熔点随之增加。也就是说，周期表中下一行元素的熔点比上一行的高，密度和强度也遵循同样的变化模式（参见附录1——壳层）。

我们称钛、锆、铪、钒、铌、钽、铬、钼、钨、铼、钌、锇、铑和铱为难熔金属，是因为它们拥有高熔点以及耐磨和抗腐蚀这些特点。有些资料中的难熔金属只包含铌、钽、钼、钨和铼，是因为这5种元素把上述特点发挥得淋漓尽致。

造币金属

自发明货币这个概念以来，有3种元素曾被用作货币，即金、银和铜，并且它们在周期表还位于同一列，这绝非巧合。它们都耐腐蚀，人类从自然界中就能直接得到它们的纯金属块。即便要把它们从矿石中纯化出来，也只需耗费一点木炭。其次，它们都很柔软，使用它们铸币或镶嵌珠宝十分容易。实际上，它们太软了，通常还需要和其他金属一起制成合金，以便增加些强度。这3种元素的导电性在周期表中也名列前三，其顺序是银、铜、金。银的导电性比排在第4位的铝强2倍。

两端的金属不太一样

锌、镉、汞位于过渡金属的最右边。不像真正的过渡金属，它们的沸点和熔点都很低（参见附录1——壳层，以了解为何如此），例如汞因在室温下都是液体而知名。

钪、钇、镥和镧位于过渡金属的最左边，后两个是真正的过渡金属，但通常将它们放到锕系和镧系元素中，即便镥因为和钇非常相似，常和钇在矿石中待在一起。作为一种过渡金属，镥熔点高并耐腐蚀，但它的原子半径小，这是锕系和镧系元素的特征。最左列（钪、钇和锕系、镧系）的全部元素被称为稀土元素，虽然我们早就知道它们中的某些元素其实一点也不稀有。

钛

一个钛制整体叶盘（叶片叶轮盘），用于小型喷气发动机的进气段。

Ti 22

钛

如果你想用一种轻便坚固的元素来建造飞机的机体或者宇宙飞船，那么你应该到过渡金属区域的左上角去找。如果还有高熔点的需求，那就再向右轻滑，一定会满足你所需，代价则是更高的密度和价格。

在航空航天工业中，钛是宠儿：钛坚固，不算太重（钛的密度大约是铝的1.67倍，铁的1/2），抗腐蚀，耐高温（比铁好一点但远胜于铝）。钛的强度和重量的比值，是所有元素中最高的，因此，喷气发动机中常使用钛。

如果需要更高的强度、熔点以及更轻的重量，可以通过调整钛合金中的铝、铁、钼、钒和铬以及其他金属

▷ 各种钛种植牙。

元素来实现，有些钛合金能够同时拥有这些梦寐以求的属性。

钛利用它的氧化层获得与铂一样好的抗腐蚀能力。这种属性使它成为牙科和骨科医学中的一种优良材料。但钛如果被加热到足够高的温度，就能在空气中燃烧（甚至在纯氮中也能燃烧），它的抗腐蚀能力完全依赖于那层极薄的氧化膜。

与其他过渡金属元素拥有的氧化膜薄层一样（包括铌），钛也能色彩艳丽，可用于装饰性物品和首饰上。它也用于某些商品中，如高尔夫球杆和铁锤。除了让这些商品有个很酷的名字并附带高昂的价格之外，否则无法合理地解释钛的这种用途。另外，许多号称钛制品的商品中根本没有钛原子存在。

▼ 无论使用何种材料，一个重量不够的铁锤是毫无用处的，因此用钛来做铁锤，那就得够大才行。这个**14**的标记意思是重14盎司（**396.89**克）。

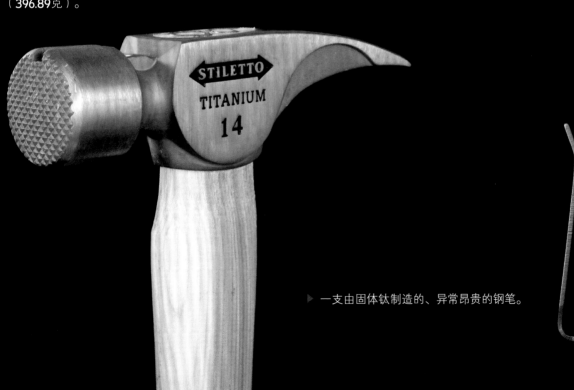

STILETTO
TITANIUM
14

▶ 一支由固体钛制造的、异常昂贵的钢笔。

锆

锆是一种耐火金属，它以其氧化物假钻石和陶瓷刀而知名。氧化锆和其他锆化合物因其硬度高，常作为磨料使用，这也能解释陶瓷轴承中使用氧化锆的原因。宝石级的锆则由锆、硅和氧化合组成。

锆丝用于闪光灯（现已被氙灯代替），因为它高度易燃并会发出极其明亮的白光。锆也一直用于制造炸药引信；在真空管中，用电流加热锆丝能把最后一点气体吸收净。

锆的耐热性对制造坩埚和核燃料棒外壳很有用，而且锆吸收中子的能力差，这符合核燃料棒外壳的需求。核电站中使用的锆大约占全世界产

用于核反应堆的锆管。

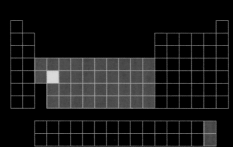

纯锆的晶体棒，通过热分解碘化锆制成。

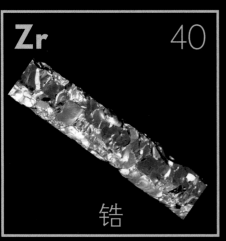

Zr 40

锆

量的1%。但锆有个缺陷，在高温下它能和水反应，生成氧化锆的同时释放氢。一旦冷却系统失灵，核燃料棒崩裂，氢气就会在空气中爆炸或者熊熊燃烧。

锆也用于改善合金的耐热和耐腐蚀性能。高效燃气涡轮机使用锆陶瓷涂层覆盖金属部件，以适应其宽广的温度变化范围。像钛、铪、铌这些元素周期表中的邻居一样，经过阳极氧化处理的锆，其氧化物同样能形成色彩艳丽的装饰表面。

▼ GE（通用电气）神奇闪光灯中所包含的锆丝（译者注：依靠内藏机械点火器点火发光）。

铪

Hf 72

铪

▶ 一块巨大的高纯度铪晶体棒的内表面。

铪也是一种难熔金属，用于制造电极、真空管和灯丝以及等离子切割点火器的喷嘴和火箭喷嘴。铪常与锆一起制成合金，像锆一样，铪也难以反应并具有高熔点，能满足上述工具的需要。

锆在元素周期表中位于铪的上面，这对邻居的差异很有趣。锆对于反应堆的中子几乎是透明的。铪则非常善于捕捉中子，所以它用于制造核电站中的控制棒。

锆、铪常出现在同样的矿石中并难以分离，因为它们的化学性质几乎相同，正如预计的那样，这对位于同一列的邻居，铪的密度是锆的2倍，因为它在下面。但在核反应堆中，它们极其重要并且用途截然不同，因此必须把这两种元素加以分离，尽管这样做极其困难并且代价高昂。

像钛和锆一样，当暴露在空气中时，铪也能形成具有保护性的氧化层，这赋予它较高的耐腐蚀性。然而，如果把它研磨成粉，铪在空气中就可以自燃。

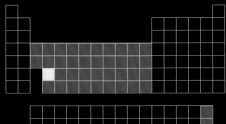

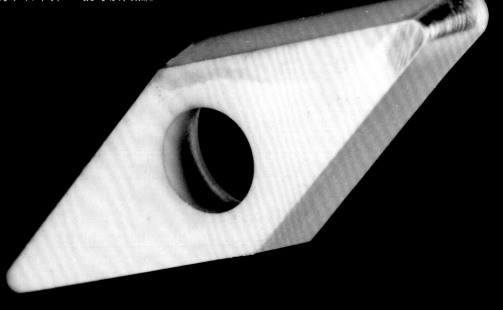

▶ 碳化铪钻头镶嵌块。

碳化铪的熔点达到惊人的3890摄氏度，甚至比金刚石还高。通过添加钽，形成碳化钽铪，熔点更高达4215摄氏度，这是已知材料中的最高纪录。

铪是门捷列夫预测应该存在的元素中的一个：他为铪在周期表中保留了一个空白。

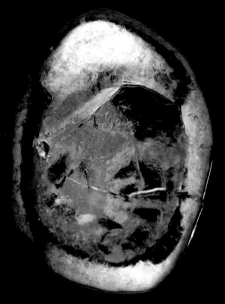

▷ 一个纯铪小纽扣。

◁ 从铪按钮发射的等离子将钢铁变为一束莲蓬火花。

钨

W 74

钨

钨的熔点极高，这使它适合制成细丝，在真空管和白炽灯（在今天，这两者都有点过时）中使用。它还用于弧焊棒。

军队看上了钨的高密度属性，使用它来制造可穿甲的子弹和炮弹。他们也使用另一种类似的致密元素贫铀，以得到同样效果。但钨的优势是不具有放射性以及毒性低。在打靶练习时，钨的好处更加明显，铀在撞击时会着火，会增加死亡风险。

在重量上，钨的高密度也是有用的，可以使高性能游艇和飞机更加坚固。有些元素的密度更大或者相近，但它们要么更加昂贵（如铼、锇、铱、铂或金），要么有烦人的放射性（如铀和钍），或两者兼而有之（如镎）。

钨硬质合金刀具能在高温下依然保持锋利，这是刀具使用中常见的环境。它也用于制作水刀的喷嘴，因为它能承受高压水中所携带的少量石榴

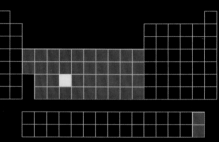

◁ 绿色顶部表示这是纯钨电极。（译者注：它是氩弧焊接中最早使用的电极。）

石磨料以及水流本身的摩擦。

由于成本相对较低，钨偶尔也用于制作放射性材料的防御盾。但如果无需考虑体积，防护材料的另一种选择是廉价的金属铅。

钨的其他用途比较无聊，比如增加重量的高尔夫球杆、高尔夫球以及投掷用飞镖。

▷ 一个白炽灯泡中的钨灯丝。

TUNGSTEN
74
W
999
183.84
19.25g/cc   3422 ℃

◁ 一块非常非常坚硬的钨块。

铜

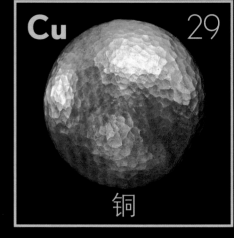

Cu 29

铜

和铁相比，所有其他的铸币金属的纯品既柔软又易于加工。它们在周期表中的位置在过渡金属的右末端，这表示它们的反应活性比左边的邻居们差。这让它们更容易从矿石中纯化出来，它们甚至能在荒野中以纯元素状态存在。在炭火下面堆上合适的石头就可能将溪流中的金属块融化出来，这些现象完全有可能引起新石器时代人类的注意。

人类使用铜合金（青铜、黄铜等）的历史，可以追溯至远古时期。它是首批用于制作珠宝、钱币和工具的金属材料（译者注：远古人类使用过非金属货币，如贝壳等），当远古工匠们发现在铜中添加砒霜能让铜变硬，就走上了通往青铜的道路，最终他们发现了锡，这种铜锡合金更硬，同时熔点下降更易浇铸（译者注：现存最重的青铜器，是商周时期的代表作司母戊鼎，重达832.84千克，是铜锡铅的合金）。虽然历史上的铁制品比

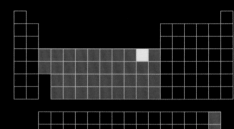

▲ 用铜线制作的半波斯风格的四合一手链。（译者注：半波斯风格的四合一工艺，被认为是最困难的一种编织锁子甲的技巧。）

15230. Utah Copper Mine, Bingham Canyon, Utah

▲ 1924年的明信片，从美国犹他州宾厄姆峡谷犹他州铜矿寄出。

青铜性能差，但铁矿石更加丰富，这就是青铜时代最终让位于铁器时代的原因。

作为最普通（也就意味着最廉价）的货币金属，铜目前是电线材料的首选；铜的导电性能仅次于银，而优于其他所有金属，但它比银廉价得多。另外，和其他负担得起的无毒金属比，铜的耐腐蚀能力更强，因此铜也用于制造水管。

黄铜是铜锌合金，颜色与黄金相似，比青铜更容易加工。

▶ 一块镀铜的百洁布，或许里层是铁。

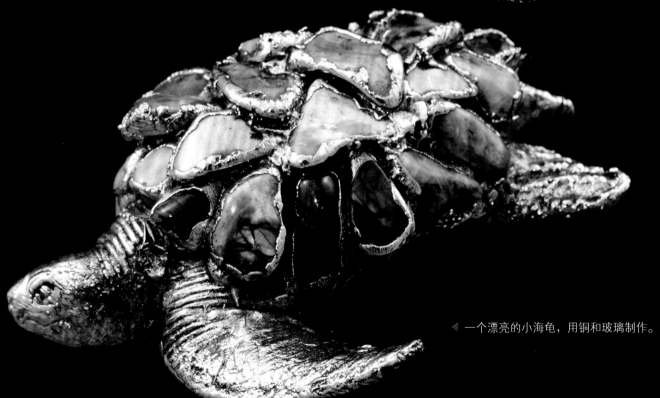

◀ 一个漂亮的小海龟，用铜和玻璃制作。

银

公元前261年，古希腊的四德拉克马银币，纯度约为95%。

Ag 47

银

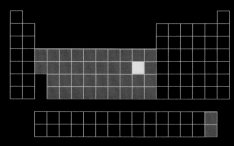

周期表中，铜的正下方就是银，这让银更加有趣和有用。金属元素随着密度上升就会变得更软。银的导热导电性能优于铜，熔点更低，延展性也更强。（译者注：可以锻打得更薄也不会断裂。）

数千年来银一直被用于制造钱币和首饰。银的反光性能高，常用于制造镜子的涂层。现在，更加廉价的铝涂层越来越常见。银的卤化物是光敏化合物，用于制造感光乳剂。

银的导热性能优良，正是它导电性能好的原因。银元素中的电子碰撞原子的频率比其他金属少，它们更加自由，因此更容易形成电流。这同时也赋予了这些电子在原子间和分子间快速传递振动的能力，而原子和分子的振动被我们称为热。工业中对银的导热性的常规应用，是将银粉加入到胶水中，用

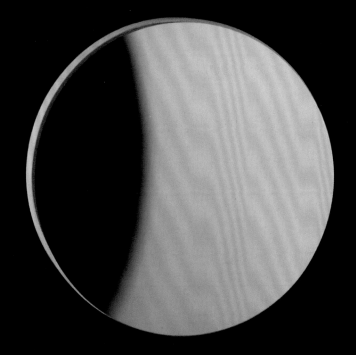

◁ 在镜子的前表面镀上银，能得到最好的光反射性能。

它来把芯片和散热片粘在一起。

　　金属光泽也来源于"自由"电子的行为，它们能反射光。因此不用惊讶，银的反光能力是金属中最强的。在玻璃上沉积一薄层银，使银免于被腐蚀，就得到了镀银的玻璃镜子。

　　反应活性差，使得银很容易从矿石中提取，这也是银能用于摄影的原因。

　　化学反应活性很高的卤素（氯、氟、碘）虽然能与银生成的化合物，但这种化合物中的化学键甚至抵挡不住只有几个光子的入射光。（译者注：这就是卤化银能用于摄影的原因。）

◢ 黑暗时代的人们曾使用像这样的卤化银薄片（译者注：胶卷）照相。（译者注：这是作者的调侃，现在数码相机和摄影机流行，胶卷也就越发罕见了。）

◢ 银有抗菌能力，在绷带上使用少量的银，并非十分愚蠢。

金

Au 79

金

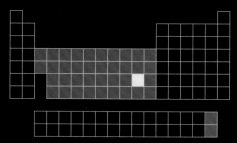

1890年，阿拉斯加，霍格斯·马里昂在向因纽特人推销鞋子的旅途之中，发现了这块1盎司（约31克）重的天然纯金块。这是真事。

自从钱和首饰这样的词汇出现在人类文明中，作为最昂贵的货币金属，黄金一直就代言着这些概念。它不与其他元素结合，而以纯元素的形式出现在旷野中。在电接头上镀金可有效抵抗腐蚀。黄金还具有惊人的延展性，能压制成极薄的金箔。要让物品看起来是纯金的，在电镀出现之前，利用贴金术，就能廉价地做到这一点。

考虑到金在周期表中位于铜和银的正下方，因此它比铜和银的密度更大、更软、更易变形，这是可预料的。但它的熔点反常地升高，而且导电性能下降，这却让人纳闷。欲知黄金奥妙，请参见附录4——爱因斯坦做了什么。

黄金是最容易变形的金属，你可以通过拉伸或者锻打感受它惊人的延展能力和可塑性。看看这个数据，1克黄金可以制成1平方米的金

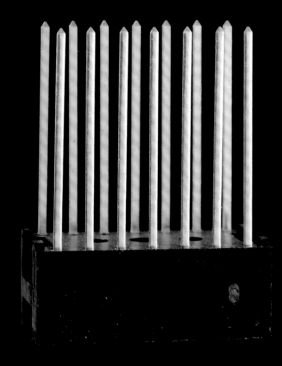

这个插口的长针脚是镀金的。与针脚接触的电线则由这层镀金来提供防锈且优良的电接触。

叶，它薄得甚至是透明的！

黄金的反应活性仅强于惰性气体。这对牙医来说是个好消息，因为黄金没有金属特有的味道（来自金属离子），并且耐腐蚀。长久以来，黄金作为一种装饰性元素被用于食物和饮料之中，它会穿肠而过，对你的身体毫无影响（但银行账户除外）。

电子工业中，当需要一个防锈的自由接触面时，也广泛使用黄金。它用于把电流导入硅芯片中，当然使用的是一段很短很小的金线。

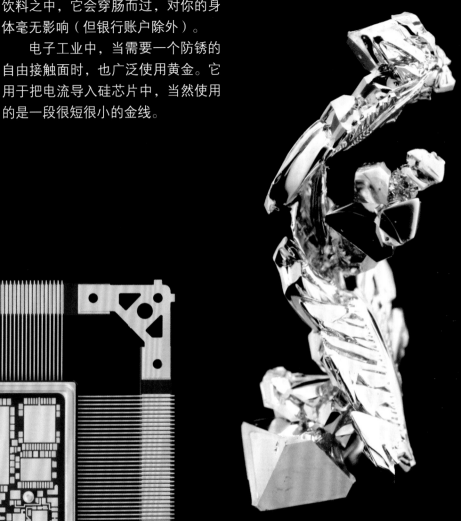

▼ 一个非常漂亮的微芯片安装板，大量的镀金接触点向四周辐射。

▲ 高纯金真空蒸气沉积晶体；这是最纯的黄金，独一无二。

汞

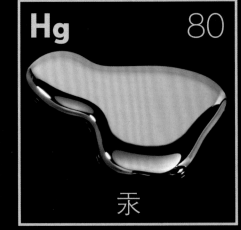

Hg 80

汞

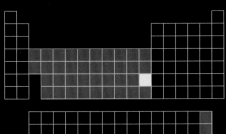

汞的多种用途都和它的液态属性有关，大多数人能遇到的最低温度都不足以使之固化。因此，它一直用于倾斜开关中，也曾用于制作普通温度计。汞的高密度属性让我们能制作出合适大小的气压计。凡是汞和其他多种元素形成的合金，都称为汞合金。依合金中各元素含量的变化，汞合金的熔点变化范围非常宽广：它们可以是液态的、膏状的以及固体形态的。牙科材料中仍然在使用银、金和汞制作的汞合金。

目前已知汞有剧毒，所以已被废除或逐渐减少汞的作用。节能灯和水银灯泡中仍在使用微量的汞，这些设备报废后必须严格回收，以免威胁人类健康以及造成大范围的环境灾难。

汞在周期表中位于锌和镉之下，在过渡金属的右末端。这3种元素的化学属性不同于那些典型的过渡金属，有时候它们也被称为后过渡金属。

如果我们把过渡元素群视作一个整体，从左到右的趋势是化学反应活性依次下降。但例外永远存在，如汞和锌就比它们左边的铜和金更加活泼，金的反应活性是所有金属中最差的。

汞会富集到肥大的海洋动物身体中，如金枪鱼（译者注：通过食物链）。

今日，汞制造的汞合金（汞齐）常用于牙科，锌汞齐是补牙的材料。据说，汞会永远待在所修补的位置不会泄露，你真信吗？

一支过时的水银（汞）体温表。

铁

因为重量的原因，铁是地球上最常见的元素。它构成了地核，在地壳中的丰度排第四（前3位是氧、硅和铝），是最平凡的过渡金属。铁因其储量丰富、廉价并有足够的强度，自古以来就是人类使用得最多的金属。

生物也喜欢铁，正是它赋予血液关键的捕获氧的能力，随后，血液把氧运输到身体需氧的部位。在过渡金属这一块，从左上到右下，这条对角线上的金属，其硬度逐渐增加。在第一行最硬的金属是铬，往下向右移动两列，是钌（表中铁的下方）最硬。继续向右下，在第3行的右边一点，我们就遇到了所有金属中最硬的锇。其他属性指标也有类似的模式，如抗压、沸点、熔点、密度、硬度和刚性。位于过渡金属中心位置的铁，正如所料，坚硬并有多变的化学价。

▶ 这个来自日本的古老硬币极好地演示了为什么硬币通常不用铁做：它们锈蚀了。

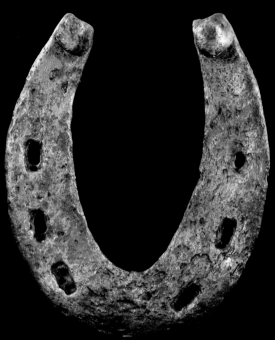

▲ 这块中世纪的马蹄铁显示了数百年来缓慢的锈蚀凹痕。

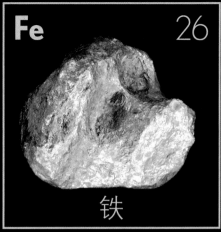

Fe 26

铁

▲ 这块陨石，主要由铁构成，来自墨西哥。

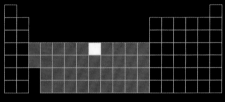

▼ 铁制的熨斗，绝妙好词！（译者注：英语中，"铁"和"熨斗"是同一个词"iron"。）

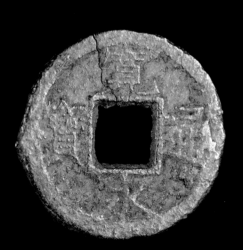

锌

Zn 30

锌

锌在过渡金属群的右上角，与真正的过渡金属相比，它的金属键比它能形成的共价键弱，这并不严格符合定义中的过渡金属。

锌有时被称为后过渡金属，锌比它左边的邻居——铜的熔点低，其强度也低于预期。

因为锌比铁活泼，常用于保护铁免遭锈蚀。锌总是被优先攻击，它通过牺牲自己来保护周围的铁。因此要保护船舵免遭锈蚀，只要拴一块锌在舵上就行，在舵表面完全覆盖一层锌并非唯一选择。

锌的活性使它成为早期电池的选择。把铜和锌置于酸或盐溶液中，就可在环路中形成电流。碳后来替代了铜，碳锌电池因其廉价，仍然在市场中销售。

虽然锌和铜的丰度在地壳中相似，但锌的价格只有铜的1/4，这正是使用镀铜的锌代替铜合金铸造硬币的原因。

锌不仅本身相对廉价，而且它的低熔点意味着廉价的铸造成本，低强度使它容易变形。因此，它被广泛用于生产玩具汽车、洒水装置以及汽车部件。

黄铜就是锌铜合金。

1982年后的美国硬币，切开以便看到其中的锌质核心。

"献祭"的阳极锌，常用于保护坦克、铁轨、船壳免遭锈蚀。因为锌比铁更容易氧化，它会先被腐蚀。

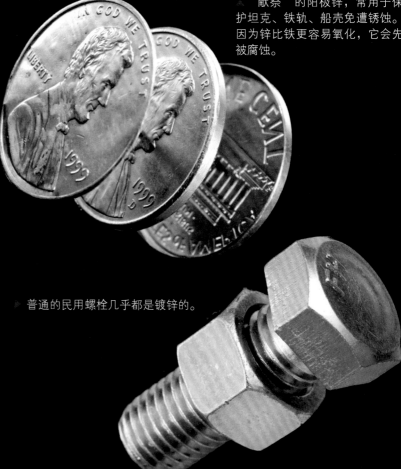

普通的民用螺栓几乎都是镀锌的。

铂

铂不仅耐锈蚀，而且还是最稀有、最昂贵元素中的一种，这使它成为首饰行业中的宠儿。

铂拒绝与其他元素结合，这让它像金银铜一样，能在荒野中找到天然纯元素。它熔点高，反应性差，是做实验器材金属的首选，这样你才能把其他惰性金属熔化在铂做的坩埚里。

铂最大的商业化应用是作为催化剂，它被广泛使用在汽车行业中。它能催化未充分燃烧的汽油和一氧化碳，将其转变为危害小得多的二氧化碳和水，也能让尾气中的氧化氮加速分解，因此能净化汽车尾气。

燃料电池中也利用铂的催化能力，让氢和氧结合生成水，释放的能量则被转换为电能。

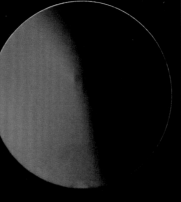

▲ 比镍币薄，但大小相似的盘状纯铂。

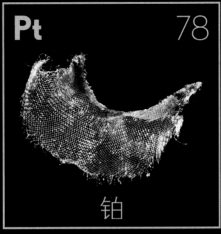

铂

▲ 像蚊帐布样的纯铂丝网，一般用于实验室，而非家用。

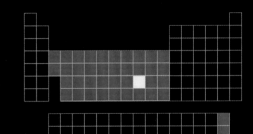

▲ 这个玻璃管中包含 2 个铂电极，它对抗着强烈的化学侵蚀。

◀ 一个旧的铂制实验室器材。这种昂贵的薄壁铂杯专用于保存那些具强腐蚀性的化学试剂。

其余的铂系元素

钌、铑、钯、锇、铱和铂在化学性质上非常相似，要区别和分离它们相当困难，因此它们被统称为铂系元素。

在周期表中，越往右下方向走，过渡金属的活泼性就越低，直到金元素为止，达到最低。在金元素的左侧，铂族形成一个整齐的六元矩形。它们共享高强度、高密度、高熔点和高沸点以及耐腐蚀和惰性等特点。在地球形成时，它们的密度促使它们沉入地核，仅有微不足道的部分滞留在地壳中，其丰度甚至低于金属陨石。

铂族中各元素属性的变化是过渡金属的整体缩影，位置越低越靠近中心的过渡金属，其熔点和沸点越高。比如，铂族中的6种元素随着逐渐远离中心，其熔点和沸点则依次下降（第一行的顺序是钌、铑、钯，第二行是锇、铱、铂）。位于族中心的元素密度最大。所有元素中锇和铱的密度最大。

铂族还有纪录保持着，如最抗压的元素——锇。

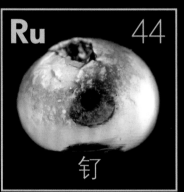

Ru 44 钌

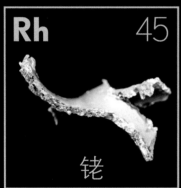

Rh 45 铑

Pd 46 钯

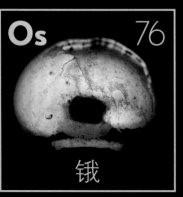

Os 76 锇

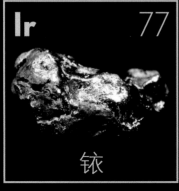

Ir 77 铱

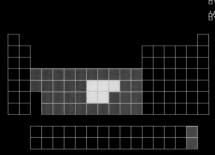

◀一个按钮状的钌，在氩弧炉中熔化钌金属粉末制备；撕裂边的一块铑箔，显示其内部晶粒结构；一块撕裂的纯钯；一个带神秘蓝色调的锇珠；一块部分熔解的铱。

钪、钇和镥　钒、铌和钽

过渡金属族群左端第一列的钪、钇和镥，在过渡金属元素中极其有用的属性，它们基本上都没有，因此成为族群中最无用的元素。它们的主要用处在于其独特的光谱表现，可使用在荧光粉、激光、高效灯泡中。

越接近中部的过渡金属越容易形成强的化学键。我们开始进入拥有极高熔点和沸点属性的元素群，即难熔元素区域。

钒不仅赋予绿宝石颜色，还能使铁合金坚硬。而铌除了用于首饰业，它和锡的合金还用于制造 II 型超导材料。与钛类似，经阳极电镀处理的铌能形成千姿百彩的氧化层。

电子产品中广泛使用钽电容，同时钽制容器也用于融化其他金属。外科手术中也使用钽制材料植入人体，因为它安全无害（译者注：如钽制颅骨板）。

Sc 21

钪

▲ 真空蒸馏制备的钪晶体，注定要使用在能提供日光光谱的金属卤化物弧灯中。

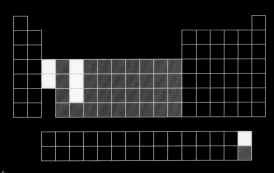

Nb 41

铌

▲ 源自前苏联的纯度高达 **99.999%** 的带状铌晶体。

Y 39

钇

▲ 一片从商品钇金属铸锭中切下来的钇。

Lu 71

镥

▲ 一张纯镥的削片。

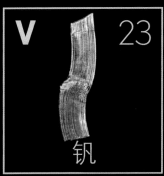

V 23

钒

▲ 用车床从钒柱上切削下来的一小片钒。

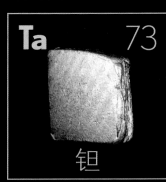

Ta 73

钽

▲ 一块特别沉的固体钽。

铬和钼

位于钨元素正上方的铬和钼，理所当然地拥有高熔点和高强度属性。铬和钼能增加铁合金的强度。汽车保险杠上镀铬，不是为了好看，而是因为铬的硬度和耐腐蚀属性。给物品镀一层硬铬就能耐磨（译者注：硬度代表抗磨损性能高低）。

铬的名字来源于其多彩的各种化合物。铬和许多过渡金属一样，有多变的化学键，这使得铬的化合物能和光以多种方式相互作用，从而形成明黄、红、绿和紫色等色彩。

在低碳钢中掺铬就得到不锈钢，再加入镍就是超耐热不锈钢，可用于制造喷气发动机的涡轮叶片。正如所料，铬的楼下邻居钼的强度更高。钼也常用于上述合金之中，以提供更高的强度，第一次世界大战中的坦克装甲使用的正是钼钢。

高碳钢中同时使用铬和钼，能使其硬度和强度都增加。

设计用于安装在拖车后面的一个镀铬塑料螺旋桨，大概可在风中旋转。

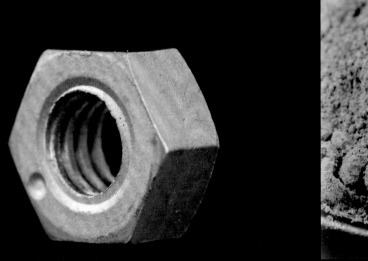

这个螺栓大约含92%的钼，其余是钴和铬，用于高温压力容器中。

三氧化二铬作为绿色颜料用于绘画原料和陶瓷釉料中。

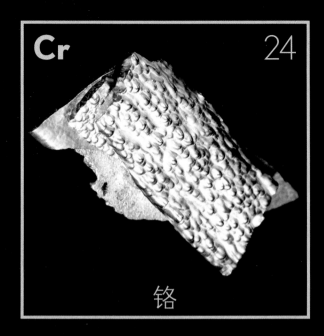

Cr 24

铬

▲ 这块材料表面厚厚的一层铬是电镀上去的，这是一种从溶液中获取高纯度铬的方法——电解冶金法。

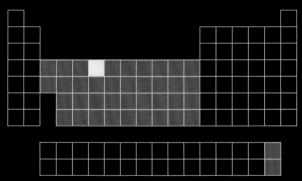

Mo 42

钼

▲ 钼钢是常见的高强度合金，但像这样大的纯钼棒就很罕见了。

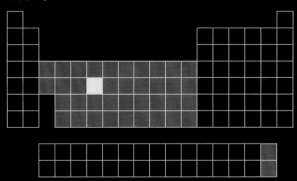

过渡金属　**71**

钴和镍

铁元素右边的钴和镍是强磁性元素。它们的密度和沸点略高于铁，但硬度和熔点则稍低。这3种元素因此形成了一个紧密的小团体，并同时存在于陨石和地核中。

钴是过渡金属中能形成色彩炫丽化合物的元素之一，它也因此知名。钴蓝是著名颜料，用于绘画和玻璃制造业；钴与卤素或其他分子的结合能得到桃红色、红色和绿色。与此相似，镍能让玻璃或颜料呈现绿色和蓝色。

钴和镍的防锈能力比铁强，它们的合金能形成比纯元素更强的磁体。铁钴镍合金十分寻常，钴和镍提供防锈蚀能力并降低轴承的摩擦力。烤面包机和电暖气中使用镍铬合金制造的电热丝，这种合金电热丝即便在空气中温度高得发红光，仍然能维持其强度和抗氧化能力。

▶ 华丽的手铐。
美式风格的手铐
是展示镀镍艺术
的范例。

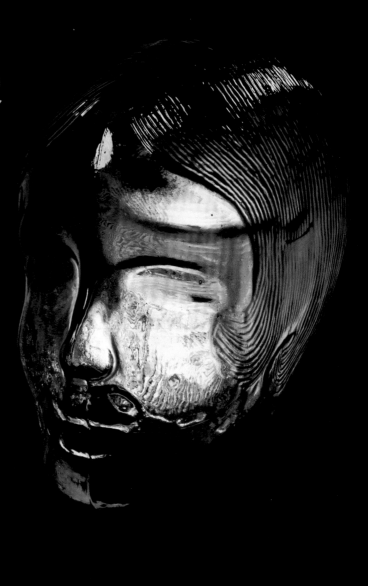

▲ 蓝色钴玻璃制头像。

Co 27

钴

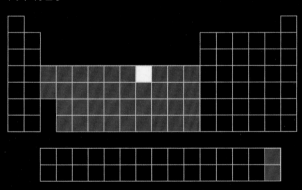

△ 一块通过电解沉积出的指头状钴，可通过延长电镀时间来制备。

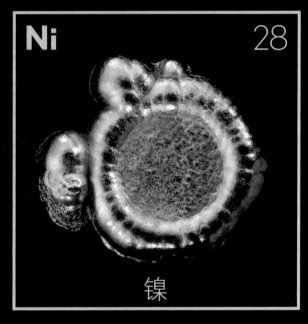

Ni 28

镍

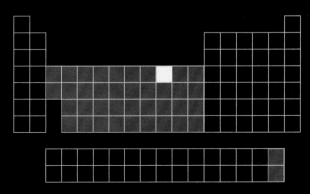

△ 一个方形切割的镍电解沉积板，使用在阳极电镀线上。

锰

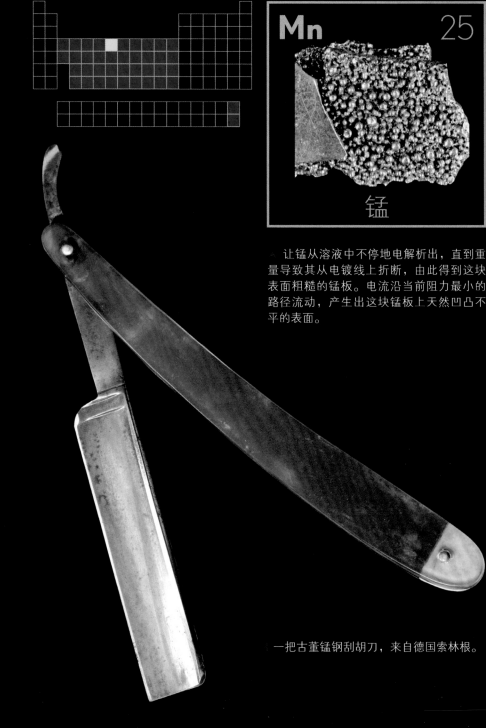

锰

过渡金属元素中，锰也能形成色彩炫丽的化合物，如深红色的碳酸锰、亮紫色的高锰酸盐。甚至史前洞穴绘画中就已开始使用含锰的颜料，如今，锰还用于制造绿色或粉色的玻璃。

锰能代替它左边的铬制造廉价的不锈钢。的确，锰的最大用户就是钢铁行业，因为锰不仅用于制造合金，还用于帮助去除钢铁中令人讨厌的氧和硫。锰能增强铁的抗张强度，添加到铝中还可防锈蚀。只需要一点点锰，你的金属啤酒杯就能大幅度提升强度并防锈。

如果你拆开过老式的碳锌电池或碱性电池，你看到的黑色粉末就是二氧化锰（某些锂电池中也使用它）。二氧化锰是不错的催化剂，加一点到双氧水中，你就会看到氧气泡。

让锰从溶液中不停地电解析出，直到重量导致其从电镀线上折断，由此得到这块表面粗糙的锰板。电流沿当前阻力最小的路径流动，产生出这块锰板上天然凹凸不平的表面。

一把古董锰钢刮胡刀，来自德国索林根。

铼

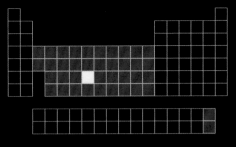

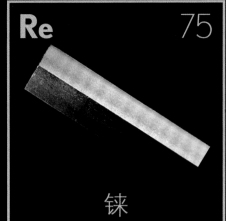

Re 75

铼

铼位于钨和铂类金属（锇、铱和铂）之间，你可能已经预料到，金属铼具有较高的熔点，并且密度很高且相当罕见。你猜对了，正是如此。

铼的密度排第四，仅次于它右边的铂族元素（锇、铱和铂）；地壳中比它还稀有的元素只有9种；它的熔点低于碳和钨；但沸点却是最高的。

门捷列夫给铼在周期表中留下了一个空位。到1925年，人们终于用铼填上了这个空位。另外，铼也是最后一种被找到的稳定元素。

铼是在铜钼矿石中被发现的。它和钨一起制造的铼钨合金更容易加工，且能保持高熔点。这种密度更高、熔点也高的合金可作为电子束的靶，产生X射线。

铼也被添加到镍基超合金（高温合金）之中，使用这种合金制造涡轮喷气发动机中的叶片能防止叶片在压力下缓慢变形。金属的温度越高，变形的可能性也越严重。通过添加高熔点金属能够让涡轮发动机的工作温度更高，而不用担心叶片变形的问题。

铼和它的邻居铂族金属一样，是很好的催化剂，在石油精炼厂中被用于制造高辛烷值汽油。与曾使用的铂族金属相比，铼更廉价。

小条铼箔。铼是最坚硬的、密度最大的元素之一。这堆坚硬的铼条具有惊人的重量。

镉

锌、镉、汞是后过渡金属元素，在周期表过渡金属族群的右末端。与锌、汞类似，镉的熔点远低于典型的过渡金属。

镉位于无毒的锌和剧毒的汞之间，其毒性已经强到我们必须小心对待的程度。镉曾经与锌一样被用于钢铁防锈涂层，但这种用法不可持续，只会使环境毒素越来越多。现在，虽然镍镉可充电电池已经不太常见，但那是因为有了技术上更好的锂电池，而不是因为关心人和鱼的健康。

如同其他几种过渡金属一样，含镉的颜料以其亮色闻名，镉黄、镉橙、镉红仍然被全世界的艺术家们广泛使用。

周期表中紧挨着右边的后过渡金属的元素，有一大块与半导体材料关联，如其中的硫和镉化合就能得到半导体。同样的事也发生在与硫元素同一列的硒和碲上。镉黄（硫化镉）、硒化镉、镉红（硫硒化镉）的半导体属性能解释它们的颜色，半导体对它们吸收和发射的光线频率有偏爱。这种选择性对电子工业大有用处。比如硫化镉在见光时的导电能力比在黑暗中强，使用硫化镉光电池，就能制造出可分辨有光或无光的廉价电子元件。

镉以其黄色化合物而知名，但其他色调中也使用镉黄。

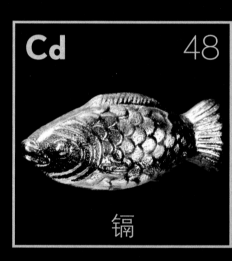

Cd 48

镉

一条由固体镉铸成的鱼，真是毫无道理（译者注：正文中提到镉对人和鱼的健康有害）。

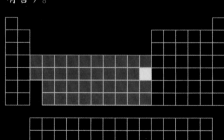

锝

在钌和钼之间，门捷列夫在其周期表中给锝留了一个空位。多年以来，许多人认为自己的发现已经填补了这个空位，但总是被随后的研究否定。直到发明了回旋加速器技术，在轰击钼箔使其具有放射性时才发现了真正的锝元素，这是一个人造元素。现在我们知道，在自然界中只有极微量的锝元素，因为它有放射性，且没有稳定的同位素。

钼的常见用途是制造医学成像中所需要的锝。由于锝的半衰期只有区区几个小时，因此只能在需要使用时才进行制造。

锝不是最轻的放射性元素，氢的同位素氚才是。但对那些不存在稳定同位素的元素而言，锝的确是最轻的一个。

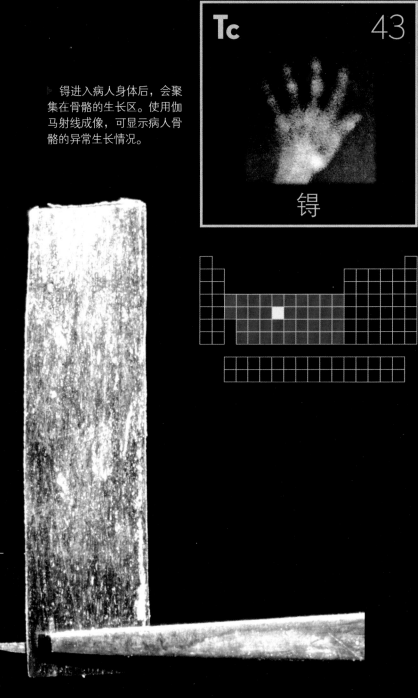

▷ 锝进入病人身体后，会聚集在骨骼的生长区。使用伽马射线成像，可显示病人骨骼的异常生长情况。

Tc 43

锝

▷ 电镀在铜基质上的一层薄薄的纯锝。

人造过渡金属

　　锘不是唯一的人造过渡金属元素。实际上，过渡金属族群第4行（最下面一行）中的所有元素（从103号的铹到112号的鿔）都是人造的。除了铹之外，其他元素的半衰期都不到1小时。正如你所猜测的那样，要研究它们的化学性质是非常困难的，任何研究都必须在样本衰变前迅速完成，并且很难获得足够的数量。

　　像铹这类的元素究竟应该放在周期表的什么位置上，依然是一个研究中的课题。一些证据表明，铹的电子结构不适合把它放在过渡金属中，而应该放在更远一点的右边，铊的下面。这一定会把全世界教室中的周期表搞得一塌糊涂。

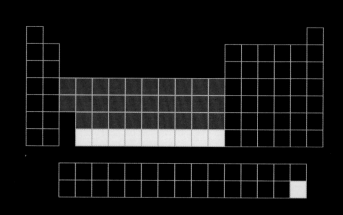

Lr 103 铹

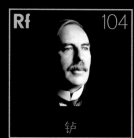

Rf 104 铈

Db 105 𬭊

Sg 106 𬭳

Bh 107 𬭛

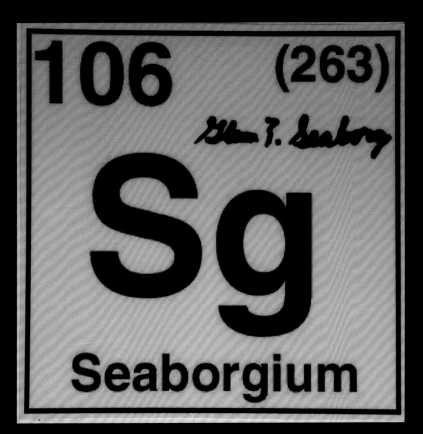

106 (263)

Glenn T. Seaborg

Sg
Seaborgium

一份由格伦·西博格签署的镭元素的标签复印件。这象征着西博格以活着的人的身份获得了用其姓名命名元素的荣誉，此事独一无二。

Hs 108

镙

Mt 109

䥑

Ds 110

钛

Rg 111

铊

Cn 112

鎶

普通金属

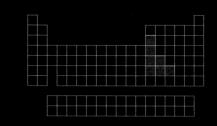

在周期表左端存在的是化学反应活性极高的碱金属和碱土金属，中间则是过渡金属，那么对于右端呈锯齿状分布的金属元素族群（铝、镓、铟、锡、铊、铅和铋），又怎么称呼它们呢？有时它们被称为贫金属，或干脆叫其他金属。本书中则称它们为普通金属，不过，它们可一点都不普通。

首先，考虑一下它们在周期表中的位置。其他金属元素聚集成漂亮的方块，当我们按列或行移动时，它们的表现泾渭分明。

但普通金属在周期表中所处的区域，顶端有非金属（硼、碳和氮），往下有半金属（硼、硅、锗、砷、锑和碲）。

在周期表右端的方块元素群中，我们观察到这样一个趋势：从上到下金属性增强，从左到右金属性减弱。

一定有某些基础性的法则在主导这种趋势！（欲深入了解这一法则，参见附录5——电子得失。）

普通金属的熔点低。只要长时间地握住镓，它会在手掌中融化。不过，在手心中要把镓从21摄氏度加热到其熔点30摄氏度，花费的时间长得让人惊讶。

锡和铅常用于制造低熔点焊接剂，用于焊接金属部件。它们的纯元素熔点本身就低，但其合金的熔点甚至能更低（参见附录6——液态金属，可了解成因）。

除铝之外，普通金属的熔点遵循一个严密的模式变化：越往左下熔点越高。在底行，高熔点的"甜区"，则往右移动，遵循该模式，底行的铅熔点最高。

那铝为什么是个例外？

首先，如果我们忽视过渡金属族群，把铝和镁放到一起（见图示），这两种元素很像，铝的表现十分恰当。

该图的背景色依原子半径大小渐变：我们观察到一个漂亮的从左到右以及从上到下的平滑过渡。氦的原子半径最小，而铯最大。铝的表现中规中矩。

以熔点为背景色，正如下图中所示，铝看起来就应该待在那里。

镓位于中部的"甜区"，这个位置恰好让电子不会被质子束缚得太紧（这就是元素属性从左到右差异的原因），而且离原子核也够远，使之被束缚得更少（这正是从上到下元素属性变化的理由）。这就意味着，镓应该有最低的熔点才对。镓原子成对地结合在一起，其共价键的键能强于普通非金属中常见情况。这种成对结合还是它熔点低的另一个理由，因为原子一旦紧密结合成对，那能与其他原子对结合的能量就更少了。

如果你想知道有什么特别的理由，让我们必须挪走过渡金属元素，才能观察到这种模式，请参见附录3的过渡金属部分。

从周期表中移动整群元素的把戏实际上非常常见。整个镧系（应该在钡和镥之间）和锕系元素（应该在镭和铹之间）通常从它们应该待的地方被移动到表格的其余位置上，这可以让周期表变得紧凑，方便印刷。

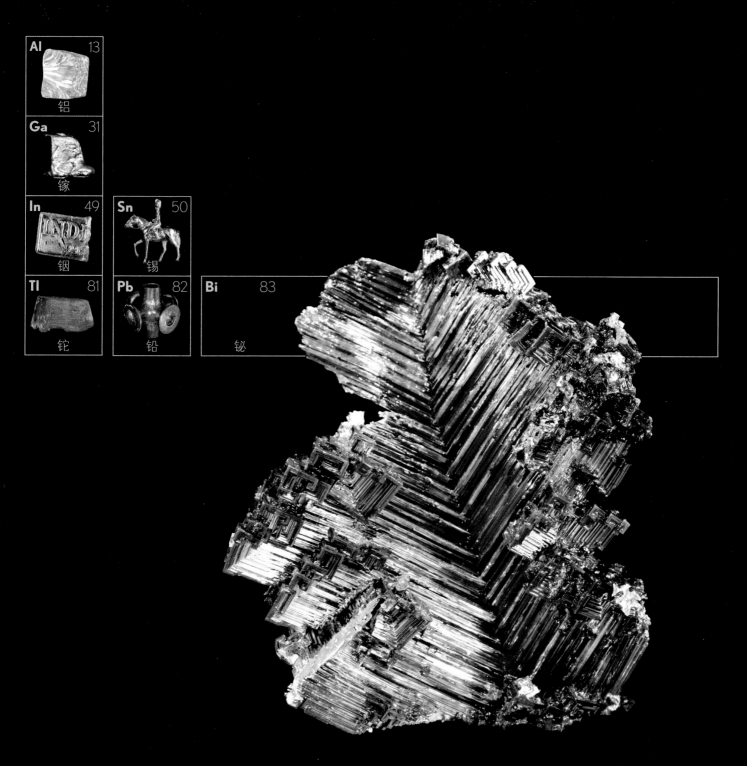

Al	13
铝	

Ga	31
镓	

In	49
铟	

Sn	50
锡	

Tl	81
铊	

Pb	82
铅	

Bi	83
铋	

铝

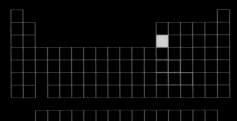

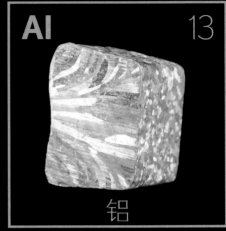

Al 13

蚀刻的高质量铝条显示其内部的晶体结构。

铝

地壳中的铝丰度超过任何其他金属。作为周期表第三行的最后一种金属，它的熔点、密度、导电性和强度比左边的钠和镁都高。实际上铝的导电性仅次于银、铜和金，排在第四。

正如我们所料，位于普通金属族群左上角的铝，其反应活性也是最高的。实际上铝的活性比它所表现出来的更高，但当它在空气中被切割或摩擦时，迅速形成的氧化物保护层中止了进一步反应。铝形成的氧化物分子比铝原子间的间距小，因此能形成一层致密的氧化物膜来保护铝。铁则不然，其氧化物分子较大，最终会如碎屑般脱落，直到铁被彻底氧化。如果去除铝的氧化膜，铝可以和碱金属一样，和水反应产生氢气。铝的活泼在铝粉的燃烧中得以充分表现，它是烟花中的常用原料。如果把铝粉和铁锈混合，就得到了铝热剂，它燃烧时所产生的高温足以融化钢铁。

铝的反光性能足以和银媲美，如今"银镜"也使用廉价的铝来制造。不过，铝曾经异常昂贵。在电解法制铝术诞生之前，铝需要使用钾和钠来制备，并且过程艰难，这让铝价胜黄金，以至于拿破仑三世曾在国宴上炫耀他的铝餐具。

一件漂亮的三维铝制锁子甲工艺品。

一张古老的华盛顿纪念塔明信片，纯铝金字塔。

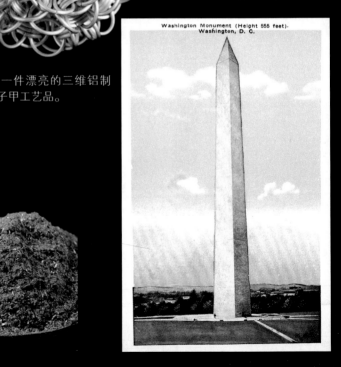

Washington Monument (Height 555 feet).
Washington, D. C.

这些萤火铝是各种大小的铝的混合物，铝粉、铝刨花、铝卷，它们能使烟花那漂亮的空中焰火时间延长。大小不同的铝与单一尺寸的铝相比更能在距离和时间上扩展和延长焰火效果。

镓

专用于制作计算机芯片的高纯度镓。

Ga 31

镓

比室温略高的温度就能熔化镓。用吹风机制作的超现实立体作品。

镓位于铝的正下方，它的位置离准金属很近，这赋予镓一些相当有趣的特征，比如，镓会像玻璃那样被敲碎而不是敲薄。

镓也是门捷列夫预言应该存在的元素之一，镓填补了门捷列夫那张新奇怪异的周期表中的一个空洞。

镓是一种好玩的材料。与汞相似，炎热的天气就足以让镓熔化。液态的镓能粘附到玻璃上，因此只需要很少一点镓和一根当刷子的棉签，你就能制造自己的镜子。镓会在手掌中留下灰色的印迹，但和汞不同的是，它是无毒的。多年来，化学系学生臭名昭著的恶作剧就是，用镓做一把小茶匙，然后让某人用它搅咖啡（译者注：滚烫的咖啡会熔化镓做的小勺子）。

与汞相似，液态的镓很容易与多种金属形成合金，要么把它们溶化，要么融入它们之中。用汞或液态的镓混合铝，得到的合金就失去了氧化铝的庇护，这时候，水就会像酸一样把铝吞噬。

镓的主要商业用途是在电子工业中，镓和它旁边的准金属结合，能制造出属性奇特的半导体。多种发光二极管、激光器和一些超高速电子器材中都使用了镓化合物。

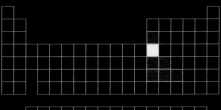

Galistan温度计，**Galistan**合金制作的体温计。（译者注：Galistan是镓铟锡合金，其熔点通常在零下19摄氏度，这种合金毒性低，活性也低，因此常代替有毒的汞，用来制作温度计。）

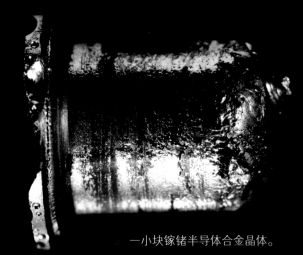

一小块镓锗半导体合金晶体。

锡

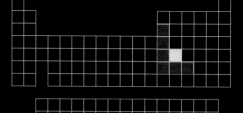

锡作为铜（青铜合金）的添加成分，强化铜的属性，已有5000年的历史。锡在空气和水中都不生锈，食品罐头的铁皮上常镀一层锡来进行保护。锡的保护作用和锌不同，锌需要牺牲自己才能避免铁被锈蚀，而锡仅仅是隔绝空气和水与铁接触而已。

锡位于周期表中金属元素的右末端，紧挨着准金属锗和锑。锡因此有了两张脸，在室温18摄氏度之上它是金属，低于此温度它就是非金属。在长时间的低温下，锡的金属键会慢慢转变为更强的共价键，最终转变为一团灰色粉末状的晶体。

锡的熔点低，不过有趣的是，它和某些熔点比它高的金属（如铅）形成合金后，其熔点不升反降。配比为63%的锡和37%的铅混合物，其受热熔化时表现得更像是一种化合物，具有一个明确的熔化温度，而不是一个宽广的先软后熔的温度范围，这是因为在此配比下，锡原子和铅原子的比例几乎是1:1（译者注：此配比的合金叫共晶焊锡，熔点为183摄氏度，比锡的熔点232摄氏度低。）

▷ 经典的锡兵常用锡铅合金制造，但这个锡兵的纯度为**99.99%**。

◁ 真正的锡杯。

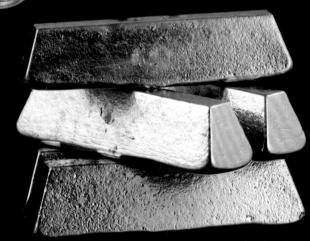

◣ 可爱的锡银合金焊料，就是有点贵。

◣ 一枚来自日本的漂亮的旧时代锡币。

◣ 用于铸造的纯锡锭。

铅

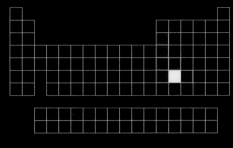

这个奇异的六通管是学徒管子工用铅板锤成的，给师傅留下了深刻的印象。

铅

英文中的"水管"一词来源于拉丁词lead。罗马人用铅做水管，他们可能没有发现铅水管的长期毒性，或者他们不喝水只喝酒。铅在周期表中的符号是Pb，来自于拉丁语。

在不久以前，水管中仍在使用铅，人们把铅加入铸铁管中。直到最近，美国才禁止在铜质饮用水管道的焊接中使用含铅的焊料。铅价廉、密度高、易熔且易于浇铸，这些品质使得用铅制造子弹和钓鱼用的铅坠相当符合逻辑。当前，在拥有环保意识的运动员中，无铅的坠子和无铅子弹是新时尚。

由于铅的密度高，它能阻挡核辐射和X射线，因此常被用于保护人和仪器免遭放射性样品和X光机的危害。铅也被加入玻璃中，可增强玻璃的折光率，让它看起来更加闪闪发光。铅玻璃中1/4的重量来自于铅。

原子序号大于铅的所有元素都有放射性，但不用担心铅的邻居铋，它的半衰期比宇宙的年龄还要长（译者注：半衰期越长放射性越低。）

铅柔软而易变形。它在空气中氧化形成浅灰色的表面，但它能抵抗大多数酸以及其他腐蚀性液体。世界上一半产量的铅用于制造汽车中使用的铅酸蓄电池。锂电池如果变得更廉价的话，这种情况就会发生改变，锂电池更轻，减少的重量能让汽车更加省油，在油价飞涨的世界中，这很重要。

浸铅的防护衣，脖子部分已被磨损，用于在X光中保护甲状腺。

泪珠状水晶玻璃，含铅33%，但它是全透明的。铅增强了折光系数，让玻璃更加璀璨。

铋

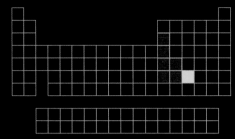

铋

铋位于周期表的右下方，这使得铋和铅一样拥有低反应活性，因此在自然界中能找到它们的纯元素，即天然铅和天然铋。

铋十分引人瞩目，是因为它的晶体美得不同寻常。它晶体上薄薄的氧化层产生了相当艳丽的彩虹色。只要你有足够的纯铋，就能在家里得到这些美丽的晶体。

铋还是周期表中抗磁性最强的金属，它会排斥磁体，但效应非常微弱。

与其他重金属不同，铋是无毒的。事实上铋的化合物可以用来缓解胃部不适，如胃药碱式水杨酸铋（佩托比斯摩）。

作为一种无毒的重金属，铋正在代替铅制作钓鱼用的坠子以及猎枪子弹。

冷却中的铋，自发地形成了一个大漏斗样的晶体。当非常纯的铋慢慢冷却时，晶体能长到很大，这一个就超过4英寸（10.16厘米）高。

用酸腐蚀外层的金属后，这个铋心的晶体区域暴露出来了。

天然铋

胃药，其有效成分为碱式水杨酸铋，其中铋的含量是57%。

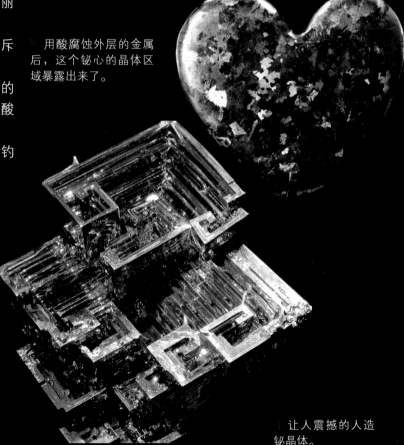

让人震撼的人造铋晶体。

铟

In 49

铟

纯铟总是**1000**克一块出售，这是半块。铟块很软，用小刀就能切一半下来，但要费点劲。

铟位于镓的下面和锡的左边，它是一种银白色的软金属，并拥有它的邻居镓和锡的某些特点。

与镓一样，熔化的铟能浸润玻璃，可制作玻璃—金属密封件，用于真空管和高真空设备中。铟的熔点介于镓和锡之间。低熔点的铟合金用于制造消防喷淋头，当发生火灾时，合金栓子将被熔化，于是水就喷涌而出。类似的用途还包括制作弹出式火鸡温控器，其制作方法为：用一点铟合金固定住压在弹簧上的塑料棒，然后把它插入火鸡的胸膛中，这样当火鸡的内部温度让铟合金熔化后，塑料棒就会弹出，提醒你火鸡已经烤好了（译者注：火鸡温控器在美国每根售价仅10美分，但生产公司年收入高达1亿美元。不过这种温控器或定时器不受食品博览会以及烹饪节目欢迎，因为使用它意味着你完全缺乏烤火鸡的艺术）。

铟非常软，用指甲就能掐出凹痕。

大平板电视屏幕上都覆盖着一层防静电镀膜，这是由铟锡氧化物制成的透明导体。如今这种屏幕大受欢迎，铟的价格因此一飞冲天。

无论低于零摄氏度还是华氏零度，镓和铟的合金（常还有微量的锡）都是液态的。（参见附录6——液态金属。）

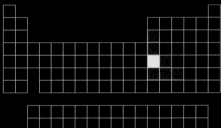

作者在**ebay**上用当时市场价的半价购买的几捆铟线中的一捆。

铊

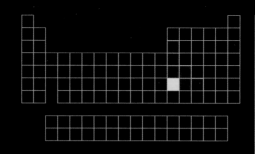

TI 81

铊

不必奇怪，位于汞和铅之间的铊毒性很强。与汞和铅相比，铊在商业领域并不重要。大多数类似的元素都能找到更廉价或低毒的替代品。不过，你要是写神秘杀手故事，铊的毒性或许是个有趣的桥段。

一大片铊金属，足以毒死数百人，一定要好好保存。

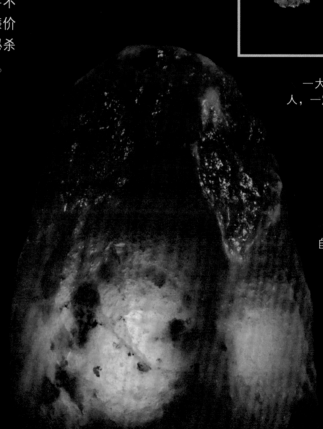

一个漂亮的空心灯，用取自喜马拉雅山的岩盐制作。

铊有毒，把铊放到香水中可不是个好主意。或许，这种香水能成功就源自它简单的名字"毒药"。我认为香水公司颇为微妙地指出了这个事实。又或许，香水中压根儿没有铊。

准金属

周期表左边是金属，右边是非金属，中间是模糊地带。

在模糊地带，表中越底层的元素就越像金属。似乎存在一个隐藏的法则，使那些元素成为金属，一个受元素重量影响的法则。（参见附录7——键，可获得对此模式更深刻的洞察。）

硼、硅、锗、砷、锑、碲和钋，它们在普通金属和非金属之间形成了一块锯齿状的分隔区，其属性也介于金属和非金属之间，它们能导电，但与金属的导电方式不同；它们几乎都有金属光泽，但又会被铁锤敲得粉碎。它们反射可见光或者不透光，这和金属一致，但它们允许红外线穿透。它们也有颜色，如黑灰或银色，由其微粒大小或晶体形式决定。

金属的显著特性是导电。温度上升时，金属的导电性下降，因为原子互相加速撞击，阻碍了电子的移动。随着温度下降，导电性能增强，如果下降到足够低，某些金属甚至会变成超导体，不过机制已经完全不同了。

准金属则恰好相反。受热时它们是良导体，但过度升温同样会让它们的原子过度撞击，阻碍电子运动，导电性也会下降。当温度下降，它们的导电性也变差，但无论温度多低，它们也成不了优良的绝缘体。

准金属受热变得更像金属的理由，取决于有多少可用的电子可以携带电流。高温让更多的电子进入所谓的导电带。在金属中，导电带总是有很多电子能自由地在周围移动。

金属中四处游荡的自由电子，是金属能被锤成薄片拉成细丝，而不会成为粉末或像玻璃那样碎掉的原因。由于电子自由地在原子之间移动，所以金属原子能向四周迁移，并仍保持住彼此粘着的状态。

当原子紧抓住它们的电子，只和身边的邻居分享时，这种物质则易碎，你可以摔碎或敲碎它。如果原子把电子抓得再紧一点，那它甚至根本不能聚集成型，只能以液态或气态的形式存在。介于金属和非金属之间的准金属，其脆性的分布范围从非常易碎到几乎就和金属一样。

准金属这种骑墙的属性，赋予了它们重任。只要添加极微量的邻近元素，我们就能调试材料的表现。根据需要，我们能让它们导电或不导电，甚至只允许单向导电。这种半导体属性，构成了后真空管电子工业时代的几乎全部基础。

半导体中使用得最多的是硅。生长中的超纯硅经掺杂程序处理，在晶体中添加精确数量的元素（周期表硅左右两边的元素）。如果硼进入硅晶体中，它就是电子受体；反之磷作为掺杂剂，那它就成为电子供体。提供和接受电子的能力使得掺杂硅的导电性增加。如果你把掺杂了硼的区域与掺杂了磷的区域紧挨到一起，你就得到了二极管。电子从磷端流向硼端容易，但反之则难。

锗也是在半导体中被广泛使用的元素。起初，在科学家们放弃尝试制造硅晶体管后，锗晶体管拔了头筹。它们采用黄金作为触点，这种良好的掺杂材料使晶体管能够工作。

周期表中锗两边的元素是镓和砷。在电子工业中，砷通常不单独使用，但它和镓合作，能制造出开和关速度极快的半导体，这对微波放大器以及雷达非常有用。添加少量的磷到

镓砷二极管，就能发出红色的可见光，这就是发光二极管（LED）。添加其他掺杂物就能得到不同颜色的光，例如，加铝就得到绿光。

在更大的准金属区结合不同的元素，可得到新的类准金属材料，并获得新的有用属性，这种诀窍被广泛使用。氮化镓或碳化硅可用于制造蓝色发光二极管，硫化镉用作光敏电阻，而碲化镉则用于太阳能电池中，至于碲化铋，它制造的热电致冷器芯片可以冷却计算机中的处理器。

金属氧化物和水反应生成碱，如烧碱（氢氧化钠）或生石灰（氢氧化钙）。非金属氧化物与水反应则得到酸，例如硫酸和硝酸。不要惊讶，准金属氧化物遇水的产物，既能当酸又能当碱，这就是兼性的名字的来由。那条介于金属和非金属间锯齿状的线，也因此得名为兼性线。

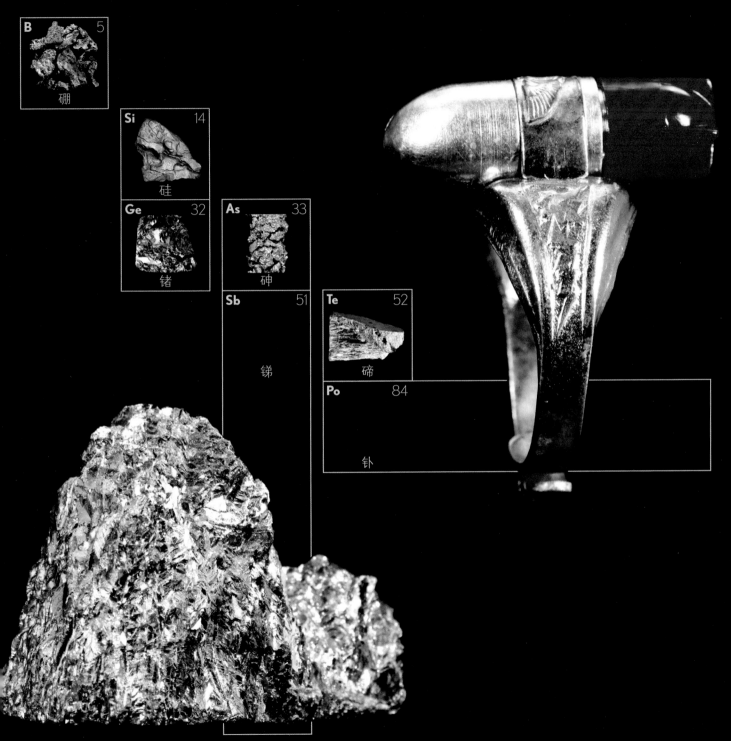

B	5
硼	

Si	14
硅	

Ge	32
锗	

As	33
砷	

Sb	51
锑	

Te	52
碲	

Po	84
钋	

硅

一团低纯度硅，只经过初步纯化，原料为沙子。

Si 14

硅

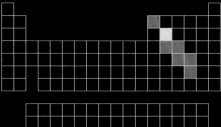

除氧之外，硅是地壳中最丰富的元素。抓一把泥土或沙子，其中最多的元素就是氧和硅。水晶、燧石、玛瑙、紫水晶和缟玛瑙全都是二氧化硅的别名。再多加一点氧，你就得到硅酸盐，它构成了电气石、云母、橄榄石、长石以及黏土中的大部分物质。玻璃则主要由硅和氧组成。

周期表中，硅就在碳的下面，这意味着它们有相似的化学属性。和碳一样，硅也能和邻近的原子形成4个键，这让硅能参与极其多样的化学反应。硅因此可参与构成岩石、橡胶、油、蜡和塑料等一系列物质。

硅和二氧化硅两者的晶体结构与钻石一样，因此它们都坚硬异常。与碳结合的碳化硅，俗称金刚砂，其硬度还能继续增强，不过天然金刚砂异常稀少。在电弧炉中熔化石英和碳可得到人造金刚砂，砂纸和砂轮中使用的金刚砂都来自人造。碳化硅形成既脆又漂亮的成簇深蓝色和紫色的晶体（译者注：碳化硅表面的色彩实际上来自二氧化硅）。

如果电弧炉中的石英远多于碳，那就会得到高纯硅而不是碳化硅。电子工业中使用的硅是超纯硅，残留的杂质原子比例少于一百亿分之一。以这种硅为原料，按十亿比一的比例掺杂硼或磷原子，就得到用于制造晶体管或微芯片的基础——半导体。

碳化硅制作的猫头鹰。碳化硅是一种非常坚硬的材料，常用在砂纸和磨刀石上。制作这只猫头鹰的目的不明，不过磨刀是毫无问题的。

有许多技术可以得到超纯硅。最早的一种是区域精炼法：用一个环状加热器，对装满硅的管子慢慢升温，熔化的硅朝上移动，而硅晶体则下沉，而杂质则迁移到熔化的硅之中。多次重复后即能获得理想的纯度。

更新的技术是放置一个晶体种子到一大桶熔化了的硅之中，慢慢将它拉出来，以获得巨大的单晶硅（30厘米高）。与区域精炼法一样，杂质会待在熔化的硅之中，晶体的纯度因此变得极高。

在电子工业中使用的硅吸引了广泛关注。但实际上，汽车工业中的铝硅合金消耗了大部分硅，铁合金中也开始使用硅。

与碳、氢和氧结合后，可以把硅转变为硅树脂。硅胶可用于密封浴缸和鱼缸，硅树脂则可用于隆胸。制造硅树脂是硅的第二大用途。

一碗切成小方块的硅芯片。

砷

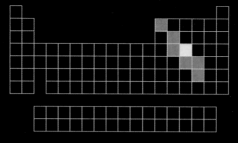

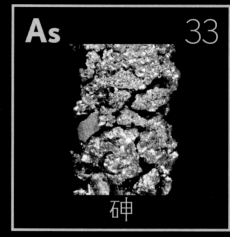

As 33

砷

装满纯砷颗粒的玻璃安瓿。

砷，臭名昭著的毒药，用于农药、除草剂和杀虫剂，但这些用途（尤其是用于处理木材）正在没落，更有选择性、对人毒性更小的替代品已开发成功。

饮用水中的砷中毒是世界许多地方的主要问题。土壤中天然存在的砷污染了水源，而除去这些砷的代价不菲。砷的毒性源于它能与我们身体中重要的酶结合从而让酶失去功能，以及其他多种毒副作用。除砷之外，饮用水中还有砒霜（三氧化二砷），它的毒性比砷强500倍。

砒霜是已知最古老的毒药之一，其别名是"国王的毒药"，统治者们谨慎地使用它以解决政治问题，砷中毒的症状类似于霍乱。在中世纪和文艺复兴时期，没有检测砷的方法，直到博尔吉亚家族发现这种元素如此有用，因此开发了砷的检测技术。最早的砷中毒文献中记载了尼禄用它来登上了罗马王权的宝座，而在17世纪的法国，砒霜的别名正是"遗产之粉"。

如果中毒者未死于肾衰、心率失常，非致死剂量的砷会替代DNA中的磷，引发的损伤能使细胞产生癌变。

据说药物和毒药的差别在于剂量，在未发现抗生素前，砷被用于治疗梅毒，1786年发明的福勒氏液（亚砷酸钾）以及1909年的撒尔佛散（即606胂凡纳明）中都有砷。周期表中，砷和它附近的几种元素拥有多种形态，因为它们有多种方式形成化学键，砷能形成灰金属样的灰砷、软蜡黄色的黄砷、黑色玻璃般易碎的黑砷。它附近的磷有相似的同素异形体，如知名的白磷和红磷。碳则能形成钻石、石墨、碳纳米管和碳巴基球（译者注：同素异形体指纯元素所形成的在物理和化学性质上有所不同的单质，最著名的就是钻石和石墨，它们是可以相互转换的）。

灰砷的结构类似于石墨，呈层状，它在一个大气压下升华（固体直接转变为气体），但在超过20个大气压时，灰砷的蒸气浓缩成液体，这让它的熔点高于沸点，十分奇特。

巴黎绿是一种常见的名为乙酰亚砷酸铜的有毒化学物质，用作绘画颜料和老鼠药。

锗

▷ 断裂的锗锭，显示其内部的晶体结构。

Ge 32

锗

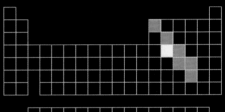

　　锗的头顶是非金属的碳，足下是金属锡和铅，它居其中。锗是一种准金属，和它正上方的硅属性相似。同时，锗和碳也有相似性。锗也能和氢形成化合物，如四氢化锗（类似甲烷）。锗的氢化合物也能形成较长的链，与丁烷、丙烷和戊烷类似，只不过碳原子变成了锗原子。

　　在第二次世界大战期间，锗用来制作锗二极管收音机，它也是晶体管的首选材料，因为它的纯度要求比硅低。锗矿石并不常见，而硅则能从沙子中提取，比锗廉价。不过，锗仍然在二极管和晶体管中广泛应用，在对付低电压方面，锗比硅更有优势。结合了硅和锗的新型半导体越来越普遍，添加的锗能让半导体获得额外的速度并降低功率。

　　二氧化锗（氧化锗）与二氧化硅（石英）类似，但折射率更高，因此可在透镜中添加少量的氧化锗。在红外线波段上，氧化锗比石英的透明度更好，因此它被用于制造通信光纤以及红外光学透镜。同时，氧化锗光学系统比基于硅的光学系统的色散系数低，它不容易把

白光分成各种色光。纯锗尽管在可见光波长范围内具有像镜面反光般的金属光泽，但它对大多数红外波长的光透明。

　　大多数锗用于制造光学纤维和红外光学系统，但它也可作为催化剂用于制造塑料。

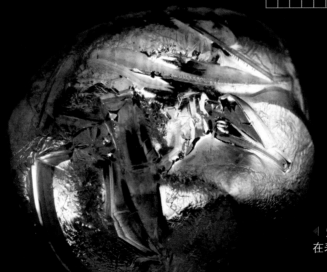

◁ 熔融的锗在冷却后，在表面形成晶体。

碲

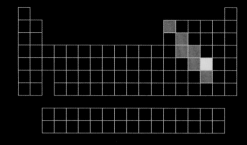

Te 52

碲

碲几乎不会以纯元素的形式使用，但这些美丽细长的碲晶体是它商业贸易的形式。

　　碲比黄金更稀有，它以天然晶体的形式存在于世，难以进行化学反应。碲在矿石中以碲化物的形式和金伴生，美国科罗拉多州的特柳赖德镇即得名于此种类型的金矿（译者注：又有说法，该镇的金矿中并没有碲化物）。

　　碲并未被人类主动开采，它是精炼铜或其他金属时从矿渣中提炼出的副产品。尽管碲非常稀有，但它用处不多，因此并不昂贵。碲有微弱毒性，其化合物有大蒜味，类似味道的还有砷化合物、氯化金以及众多的硫化合物（大蒜的味道正是来自于它）。碲和硫在同一列，因此它们共享许多化学属性。

　　碲用于制造热电器件（一种一面热一面冷的小配件），其氧化物用在DVD反射层中。

一小包碲晶体中的一小片，来自奥立佛·沙克斯。

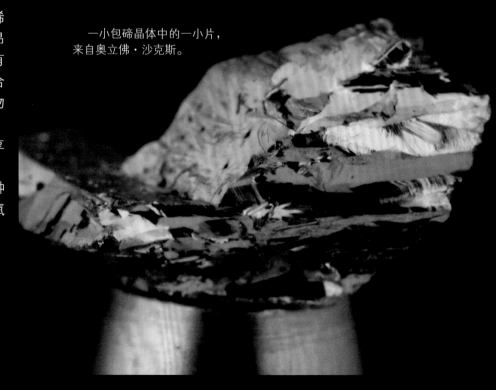

钋

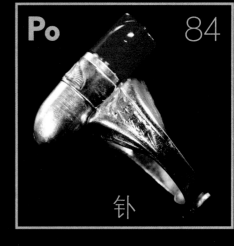

放射性钋常用于各种抗静电设备中，因为它的放射性强到能电离空气，这赋予它从物品如乙烯基唱片上消除静电的能力。现在已经很难找到这种古老的唱片了，更不用说用于清理它们的放射性小刷子。

钋是玛丽·居里在精炼铀矿时发现的，居里因发现镭而知名，但钋才是她发现的第一种元素，为了纪念她的祖国波兰，她将其命名为钋（译者注：钋的英文名字来源于单词波兰）。

目前，钋主要由俄罗斯生产，在核反应堆中用中子轰击铋，获得了多余中子的铋衰变为钋。钋的年产量只有85克，显然这就是全世界的需要量。

2006年，俄罗斯异见人士亚历山大·利特维年科死于钋210中毒，这开启了核恐怖行动时代。英国探员在他的茶杯和身体中发现了这种致命元素（译者注：他的尸体必须放在特制棺木中，以防放射性泄露）。

因为钋210仅释放阿尔法粒子，因此只需一张纸或者几寸空气就能阻挡它，大多数探测器都不可能在一个合理的距离上探测出它来。因此它可以被带上飞机，医院的放射探测器也对它无能为力。

阿尔法粒子发射源必须被吞下或吸入，这样高能阿尔法粒子才能紧挨着活细胞，从而让人生病或死亡。

因为钋衰变成铅的半衰期只有138天，因此有可能确定它是在哪里以及何时被制造出来的。探员们能够在刺客和受害者之间追踪钋污染留下的痕迹，从客机一直到德国。英国政府没有公布他们的发现，但是他们宣称他们已经确切地知道是谁在什么地方以及用什么方法杀死了利特维年科。涉嫌毒害利特维年科的是俄罗斯杜马成员，有外交豁免权，不能被引渡受审。

利特维年科的茶中含有10微克钋210，这是致死剂量的200倍。

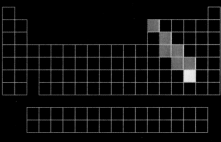

△ 20世纪40年代出品的闪烁镜，像这种独行侠原子弹闪烁镜指环，通常都含有钋源。

硼

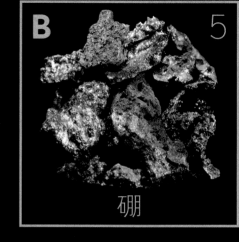

B 5

硼

周期表中硼在碳的左边，硼晶体中的共价键和钻石中的一样强大，而钻石以坚硬闻名于世，硼晶体也不差，其硬度在9.5左右，而钻石是10，硼比大多数宝石还要坚硬。

家庭中有许多熟悉的物品是硼的化合物。硼砂（四硼酸钠）被用作洗衣时的软水剂，某些漂白剂是用过硼酸钠制成。硼位于周期表中准金属区域，因此，硼酸的酸性极弱，这就是它能待在你的药箱里的原因，它的酸性弱到可以用来清洁眼睛或者加到啤酒中防腐。硼酸对哺乳动物的毒性极低，但对昆虫来说却很高，是一种安全的杀虫剂。

派热克斯玻璃（一种耐热玻璃）炊具使用硼硅酸盐玻璃制造，这种玻璃含硼，在受热和遇冷时体积变化小，放在火上烤也不会碎裂。

硼的多种化合物都极其坚硬，氮化硼、二硼化铼、二硼化锆、二硼化钛、硼碳化物都含有硼的钻石样化学键。它们被用作高科技磨料，以及用来制造陶瓷防弹衣。

最强的永磁体是用钕、铁和硼制造的。二硼化镁还是一种新的超导材料。

在弹性材料中，硼酸用于充当高分子间的交联剂，如弹性橡皮泥™和"乌龙博士"™（译者注：电影，又名"会飞的橡胶"）中（把硼酸添加到白胶浆中，你可以制造自己的模子）。

▲ 硼的纯元素形式极难见到，如这样的多晶块。它极其坚硬但实在太脆，不堪大用。

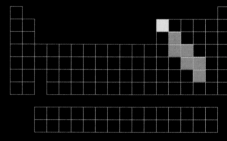

锑

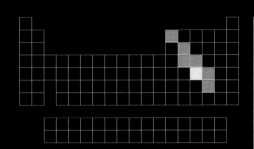

Sb 51

锑

在氮元素所在列，锑位于砷和铋之间，锑的反应活性弱，能在自然界中找到纯元素。古埃及人就开始用硫化锑涂眼影了，锑的应用贯穿于人类历史之中。

与邻近的磷和砷相似，锑也有几种不同的形态（确切地说是4种）：金属样的金属锑、黄锑、黑锑，以及一种让人意想不到具有爆炸性的爆炸锑。锑的毒性比砷弱，但它以及它的诸多化合物的毒性仍然强到必须小心控制。目前化妆品中已经很少使用锑，而更多用于阻燃剂之中。锑与铅的合金叫硬铅，用于电池、子弹、焊料以及锡蜡中。

▷ 销售用的锑，体积与此相似。这块漂亮的锑来自破碎的锑晶体。

▷ 我不太肯定这个高脚杯是用什么做的。它印着E.P.ANTI-MO-NY，底部则印着"日本"，因此售货员就把它当锑杯卖了。

金属

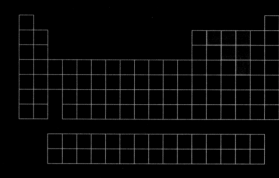

    向周期表右边移动，远离金属和准金属，碳、氮、氧、磷、硫和硒就登场了。这些元素中，只有碳和硒看起来有点金属性质，如石墨的导电能力以及硒的金属光泽。

    这些元素以固体或气体的状态存在于世。碳元素原子彼此间的连接键让人叹为观止，它可以形成极长的链条，构成脱氧核糖核酸（DNA）、尼龙绳以及巨大的红木树。而在金刚石中的碳原子则连接得极其紧密，形成了自然界中最坚硬的物质。至于氮元素，紧挨着碳，则以气态形式存在，它自成一体，不愿意和其他任何元素结合。另一种气体元素是氧，与氮恰恰相反，乐于和所有别的元素结合，从氢到铁，生成水和铁锈。

    以上事实让人十分疑惑。这些元素的确都不是金属元素，但除此之外，它们真的还有什么其他方面的共性吗？

    类似于准金属，周期表该区的元素排列也有点杂乱。不再是那种位于周期表左右端，有着相似属性的、整整齐齐的元素方阵。在这个混乱区域，既存在拥有最高熔点温度的碳元素，也有就待在碳元素身边，熔点温度仅比绝对零度高63开尔文的氮元素（译者注：绝对零度是零下273.15摄氏度）。至于紧挨着它们的磷元素，在烈日下会悄然熔化。为什么该区的元素如此个性化？

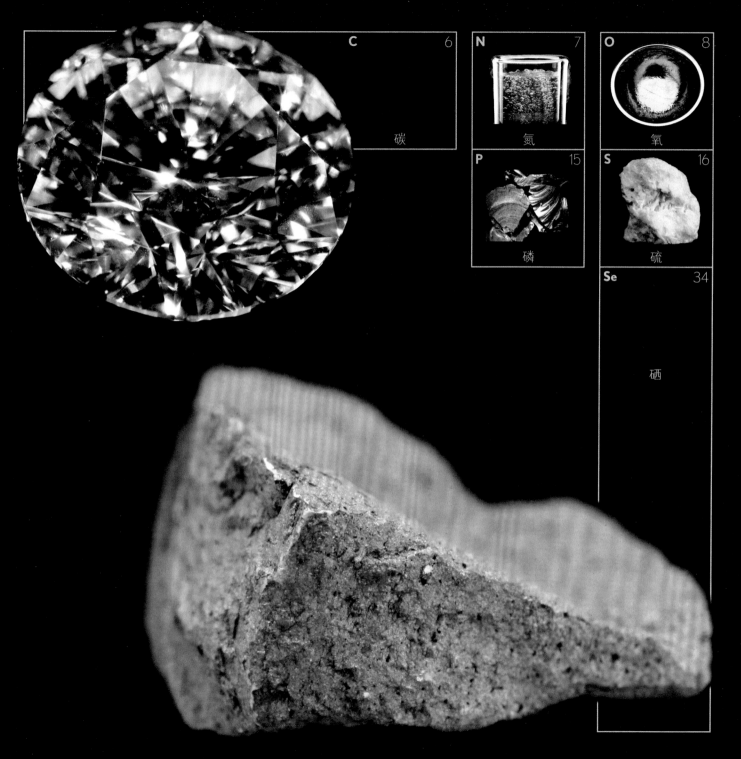

C	6
	碳

N	7
	氮

O	8
	氧

P	15
	磷

S	16
	硫

Se	34
	硒

位于这个倒三角形中的6种元素是能构成最强化学键的元素中的一员。它们有足够的质子可以紧抓住它们的电子，因此它们的原子更小。但它们也有足够的空间容纳更多的电子，因此它们能与其他元素结合数次，形成2个或者3个键。以碳原子为例，在它的链式结构中，碳原子两边都可以与其他原子结合（译者注：碳原子可形成4个键，十字交叉的中心点可看成是1个碳原子）。

这6种多才多艺的元素，毫无疑问地成为构造生命的基本原料。比如，碳、氮、氧和磷这4种元素就占了你体重的87%（65%的氧，18%的碳，3%的氮，1%磷），硫和硒所占的分量虽然少，但没有它们你就活不下去。如果你想知道的话，剩下的重量基本上由氢和钙贡献（译者注：身体需要的其他微量元素如铁等，从重量的角度上看非常少，所以才叫微量元素）。

在观察周期表其他部分的时候，在元素族群中，属性变化的规律显示出从左到右和从上到下渐次变化的现象。越靠近左边和下边，元素就越可能是固态，反之越靠近右边和上边则越可能是气体。而本章所谈论的，这6个呈倒三角形排列的元素将整个周期表所表现出的趋势反映了出来。位于左和下的2个元素（碳和硒）有最高的熔点，而位于右上的氧则拥有最低的熔点。将如此巨大的温度变化范围，压缩在这个小小的仅由6个元素组成的族群中，这可以解释，为什么在这6个非金属元素中，从一个元素移动到它邻居身上时，会遇到如此戏剧性的差异（译者注：比如从碳元素高达3675摄氏度的熔点跌落到氮元素的零下210摄氏度）。

碳原子是最花样百出的元素，它的外电子层，即所有化学反应的发生地是半满还是半空状态，取决于你的哲学观。这让它既可以给出也可以获得电子，以便完成与其他原子的结盟。就像文艺复兴时期的法国国王，有众多的女儿可以嫁出去（译者注：路易十一通过把女儿嫁给贵族，来拓展王国的领土）。

而相邻列的氮和磷元素的电子多了一个质子来吸引它们，这让事情有了一些变化。它们把电子抓得更紧一些，使反应活性降低。同时，失去电子比起得到电子来说，也变得更加困难，因此一半潜在的反应机会，变得不太可能发生（比如失去一个电子）。不过，得到一个电子的机会增加，因为额外的质子可帮助稳定得到的电子。

在倒三角形的最后一列，氧又新增了一个质子，它把电子抓得更紧，这反倒增强了它的反应活性，让它有能力从别的元素中打劫电子。的确，氧的活性很高，以至于通常把失去电子称作被氧化，剧烈的氧化驱动着如燃烧和爆炸这样的化学反应。而氧下面的硫和硒同样有增加的质子，但它们的外层电子离原子核有点远，这是在周期表中同列元素往下移动时的必然，因此质子的吸电子效应也被距离所缓冲，从而这两种元素的氧化能力也随之下降。

基于同样的理由，在周期表中往下走，元素对生命的重要性也随之降低。生命主要由碳、氮和氧组成，再加上第一列顶端的氢。磷和硫则是蛋白质和核酸的重要组成部分，大多数生命为了某种特别的功能需要微量的硒，但某些细菌根本就不需要它。

在工厂中，也有同样的趋势：碳化合物无处不在，从木材、钢铁到石油和塑料；氮是重要的肥料，不过，大多数爆炸物中也需要它；氧气驱动着我们的内燃机和涡轮机；磷和硫就不那么重要，主要在化工产业和农业中使用；硒的用途更少，都在电子工业中。

地壳中一半是氧，但在宇宙中其含量仅1%。它倾向于和其他元素结合，并构成了太阳系内部的行星。其他的轻元素（如氢和氦）则形成了巨大的气体行星（如木星和土星），残余的则可能待在太阳系的外层空间中。碳元素擅长与多种元素结合，这使得地壳中每500个原子中就有1个碳原子。氮元素就没有这样幸运了，在地壳中，每5万个原子中才有1个氮原子。

形成多种化学键的能力，让碳和磷以几种不同的形式存在。对于纯的碳元素来说，如果碳原子周围有4个原子，就得到金刚石；只有3个原子时，则形成石墨、石墨烯、巴基球和碳纳米管；只有2个的话，就是一维的碳链，叫作直链乙炔碳。有时也会出现混合状态，产生无定形碳（煤烟和炭黑）、玻璃碳、碳纳米泡沫以及六角钻石。

磷也有几种形式：四键的白磷，三键的红磷、紫磷、黑磷和磷纳米棒。

碳

> 钻石恒久远，除非你对它过度烧灼，那它会燃烧起来并变成二氧化碳。

碳

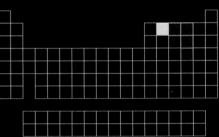

在所有元素中，碳元素的花样最多。它是生命的基础原料，甚至成为化学家们分割研究领域的标准，有碳元素参与的通常属于有机化学，没有的就是无机化学。生物化学领域研究的主要是出现在生命世界中的各种碳化合物。

所有人对碳元素的多样性都有所了解。钻石是珠宝行业的热门煽情元素，工业上则高度依赖它的非凡能力，切割或粉碎拦路的一切事物。石墨不仅用来做铅笔，它也用作干性润滑剂。此外，它因有惊人的高熔点，还被用来制造熔化难熔金属的坩埚。每家烟囱里的煤灰让圣诞老人对煤一定留下了糟糕的记忆（译者注：传说圣诞老人从烟囱中下来，给小朋友们送礼物）。

元素周期表中，碳元素是宇宙中第一个本来不存在的元素，它是直到第一颗恒星被点燃，在其炙热的核心中，由核聚变创造出来的第一种新元素。宇宙起源时的大爆炸创造了大量的氢和氦、少量的锂和铍以及微量的硼，其他更重一点的元素都来自于恒星和超新星中，由复杂的核反应链生成。例如，恒星把氢聚变成氦，氦聚变为铍，铍和氦一起被聚变为碳。

碳元素能和自身或者其他原子形成极强的化学键，因此大多数用作磨料的化合物中都含有碳，从金刚石到碳化硼以及碳化硅和氮化碳，都是极其坚硬的材料，被用于制造研磨剂或装甲材料。

除用于研磨剂之外，碳结合钛等元素（锆、铪、钒、铌、钽、铬、钼和钨）所形成硬材料则用于制造切削工具。

碳和铁的反应形成了几种不同的化合物，其中之一碳化铁是让钢比纯铁强度高得多的原因。

碳与碱金属和碱土金属形成的化合物，遇水分解释放乙炔气体。在电池供能的灯具出现之前，由于碳化钙（电石）遇水产生的气体（乙炔）可燃，被用来做矿工用的灯具。此外，碳化铝和碳化铍遇水会释放甲烷。

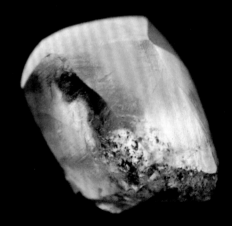

△ 一颗低等级的 **2.71** 克拉的天然钻石，价格远远低于一颗清澈透明宝石级的钻石，它只值 **100** 美元。

用石墨制造的一只精致逼真的手，大小约12.7厘米。整只手似乎正拿着铅笔工作。

加热塑料中的短纤维，当热量驱动氢和氧原子离开后，它强迫剩下的碳原子结合到一起，这样就形成了碳纤维。碳纤维由长的六方形薄层碳原子构成，它们要么像石墨中那样层层相叠，要么就随机地堆叠在一起。这种又薄又黑的纤维强度很高，把它们添加到丝线或者布匹中，然后整合到塑料中，就得到强度极高的复合材料，如同时尚的玻璃丝一样的做法（译者注：玻璃丝是安全玻璃的一种，将预先纺织好的钢丝压入已软化的红热玻璃中，即成夹丝玻璃）。

碳纳米管把这种思路进一步拓展，让碳原子的六角形结构形成长长的管状晶体。然后，如碳纤维般，碳纳米管以粉末或短纤维的形式掺入纱线中。除用来制作复合材料之外，在微电子工业中，碳纳米管还用于制造纳米级别的晶体管。

碳纤维布料，作为一种强化机制，用于复合材料中。

氧

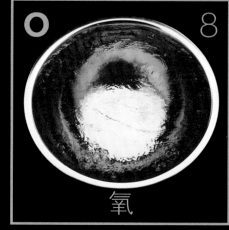

在零下 **183** 摄氏度，氧呈漂亮的浅蓝色液体状。

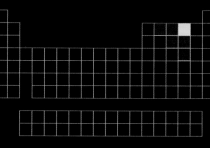

地壳的一半是氧，而我们身体中的氧更是占了体重的2/3。空气中1/5是氧，它围绕在我们身边，我们对此视而不见。我们的身体储备了足够数月所需的"食物"，还有足以支撑几天的水。但是，我们储备的氧只够维持生命几分钟。大多数生命认为氧理所当然地就应该存在。

但氧并非总是存在，至少不是在地球大气中。早期地球上的氧基本上被困在水中和矿石中。我们呼吸的氧来自植物和微生物，它们利用阳光分解水产生了氧。植物利用水中的氢和空气中的二氧化碳制造糖，在此过程中氧被释放并存储在大气中，到了夜晚，植物把氧吸收回来燃烧一些糖以获得能量。

在所有的非金属中，氧位于右上角，正如预料的那样，氧的反应活性最高。它的8个质子强有力地吸引着最外层的6个电子，外层还有2个电子空位。其他原子的电子如果靠近，就会被氧原子核强力吸引。因此，氧原子能从周期表的几乎所有元素中偷窃电子，只有氖和氦对此坚决抵抗，它们不和氧成键。

总之，氧的活性极高。液氧用于在火箭中燃烧煤油、氢或其他燃料，反应速度异常迅速，足以产生巨大的推力将卫星送入太空。液氧沾到易燃物质上，能使之自燃甚至一触即炸。

混合气体中的氧含量如果超过50%，吸入就会引起氧中毒。如果气体是压缩状态的，则更糟，比如潜水员呼吸的那种压缩气体。过量的氧导致肺和脑的损伤，导致肺形成瘢痕组织以及出现癫痫和抽搐症状。

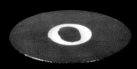

对元素收集来说，纯氧只能用这个看起来像空瓶子的东西表示了。

空气中的氧或液态氧通常是双原子状态，即2个氧原子以一种涉及外层中大多数电子的十分复杂的方式，形成1个氧分子。氧分子中存在未成对的电子，因此它会对磁场做出响应。在强磁场中，液氧会排列起来，甚至在磁极间形成一个桥状结构，分子间相互吸引的磁力抵消了重力。

氧也能形成三原子氧分子，即有毒和腐蚀性的臭氧，烟雾中就含有它。上层大气中的氧在阳光的作用下转变为臭氧，可以吸收紫外线，保护地表的生物免遭紫外线辐射的伤害。

用一小包干酵母和过氧化氢，你可以在家自制氧气。所有呼吸空气的生物都会在体内产生少量过氧化氢，这是细胞呼吸带来的副作用。生物体必须迅速去除这种有毒、危险的物质，这可以依靠过氧化物酶来完成。酵母中的过氧化物酶将过氧化氢分解为水和氧气，在大瓶子中放一些酵母和过氧化氢，在瓶口绑上一个气球，气球会被几乎是纯氧的气体所充满。

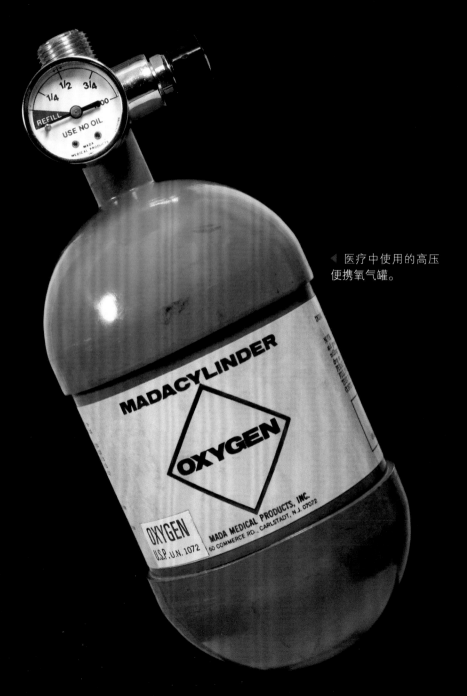

◀ 医疗中使用的高压便携氧气罐。

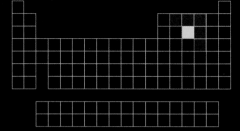

P 15

磷

△ 这种罕见的紫磷被认为是红磷和黑磷的混合物，不是磷的真正同素异形体。

磷和周期表上部的碳、氮和氧不同，它的化学反应活性高，在自然界中不以单质形式存在（如果不是生物的光合作用分解水，源源不断地释放氧，我们本来可以对氧说同样的话）。在磷盐岩中，磷通常处于高氧化态。

我们知道，磷对生命是必需的，比如DNA中需要它。而ATP（三磷酸腺苷）更是生命所需的能量分子。它参与构成细胞膜。植物不能从空气中获取磷，它们可以获得碳（从空气里的二氧化碳中获取），或者在分解水时得到氢。但磷只能来自于溶解于水中的含磷化合物。因此，氮、磷和钾一直都是化肥中的三大主要元素。工业体系中的磷主要用于制造化肥；磷的缺乏最终有可能成为世界农业产量的限制性因素。

我们身体中的磷主要以磷酸钙的形式存在于骨骼和牙齿中。或许你会认为，既然磷是一种营养必需的元素，吃下它应该很安全，但是，纯磷毒性很强。治疗白磷引起的烧灼伤是件麻烦事；骨骼中的细胞即使暴露在低剂量的磷中，也会死亡，尤其是下颌骨中的细胞，更是敏感。

从前，磷酸钠曾是洗涤剂中的常用配料，但因为磷是很好的肥料，会让水体中的藻类过度生长，藻类迅速耗尽水中的氧，导致鱼类死亡。

添加到软饮料中的磷酸让它们有酸味。磷酸钙常用于泡打粉中，一旦遇水，它就和泡打粉中的小苏打反应，产生大量二氧化碳气泡，使面团等膨胀。

与本群中的其他元素一样（如碳等），磷也有几种不同的形态，这说明磷元素彼此之间有多种方法成键。白磷遇到空气会缓慢地自燃，这使它在黑暗中闪烁发光，这种化学发光过程让它闻名于世。

磷也以引火的能力著称，火柴中的红磷，在空气中，只需轻轻一擦就会燃烧。它也用在曳光弹中，让士兵知道他们的子弹飞到哪里去了。在凝固汽油弹和燃烧弹中，也用磷作引燃剂。

白磷曾用于发烟手榴弹，现在仍然在一些军用烟雾弹中使用。在降低可见度方面，白磷产生的烟雾比其他军用烟雾发生器的效果都要好。在第一次世界大战中，迫击炮和手雷中使用磷元素主要是为了隐蔽军队的移动。是什么让磷如此容易着火？毕竟，磷在氮元素的正下方，而氮在空气中与氧混合根本不起反应。而磷的其他邻居，如硅、砷以及易燃物硫，都没有那么高的活性。

氮把它的电子管得太紧，这让它的反应活性不高。磷的原子较大，它的外层电子也更自由。它比硫更容易和氧反应，是因为硫对外层电子的控制比它强，硫比磷要多一个质子，而质子是吸引电子的。

一个哑炮弹，如果走火，它内装的**15**盎司（**425.24**克）白磷足以让半径**35**米的地方经历一场浩劫。

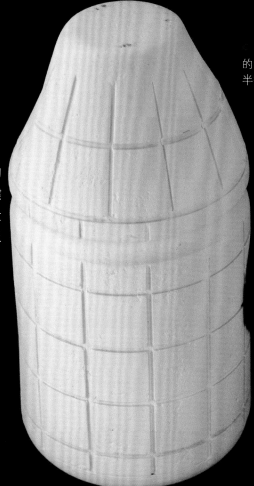

并非所有形态的磷都能在空气中自燃。白磷的活性高，因为它的结构是金字塔形，这导致磷原子间的键处于紧张状态。只需很少一点能量就能把它们彼此分开，因此白磷遇到氧反应才如此迅速。

普通厨房用火柴，使用红磷作为点火物。

这个用铁做的家具在安全设计比赛中取胜。不过更重要的是，这种比赛越是无人关注，我们也就离事故越远。

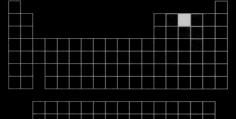

氮

装满沸腾液氮（零下196摄氏度）的真空瓶。

对生命而言，氮元素处于中心地位。碳、氧、磷、硫和硅环绕着它，蛋白质和DNA需要氮。使用最广泛的化肥是氮肥，植物把氮肥转变为动物可以利用的形式（译者注：蛋白质和氨基酸）。在把空气中的氮转变为氮肥的技术发明之前，农业依赖动物粪便和豆类根瘤菌的固氮作用。豆类拥有可以从空气中固氮的共生根瘤菌，它能把空气中的氮转变为植物可利用的形式。

到目前为止，氮化合物是最重要的化肥。不过，更壮观的用法是把它制成炸药。如果我们竭尽全力，就可以让氮和氧结合，但是氧非常容易离开氮，转而去和那些易燃易爆的物质结合，如火药中的硫磺和木炭。火药的主要成分是硝酸钾，它含有3个氧。当它被引发的时候，硝酸钾受热分解，释放出的氧与火药中的硫磺和碳粉发生结合。即便是在水下，反应一旦开始就不会中止，因为所需的氧本来就包含在火药的成分中了。要让爆炸威力增加，所有原料都要尽可能地磨成细粉，这样释放出来的氧才有机会与燃料充分接触。

高性能炸药使用同样的方式工作，只不过用的燃料不同，氧则被储存在燃料分子中。硝酸甘油的分子中含有3个碳，每个碳上面有1个氮和3个氧，以及5个氢修饰整个分子。用铁锤敲打它，分子中的所有原子开始重新排列，释放出水、碳和氮的氧化物，以及氮气和大量的热，所有这些都在很短的时间内发生。

硝酸甘油是一种强力爆炸物，但也可用来治疗因心脏血管狭窄引起的胸部疼痛，即心绞痛。

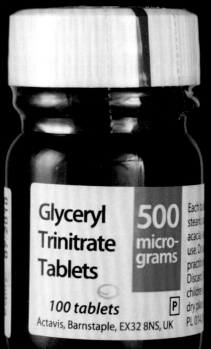

Glyceryl Trinitrate Tablets

500 micro-grams

100 tablets
Actavis, Barnstaple, EX32 8NS, UK

硫

与其他非金属一样，硫形成多种类型的化学键。碳和磷有多种形式，从钻石到煤烟，从白磷到紫磷。但硫有记录的同素异形体超过30种，甚至包括橡胶样的多聚体。

蛋白质中成双成对的硫原子间形成的键，赋予蛋白质强度和硬度。在皮肤、头发、羽毛和指甲中发现的角蛋白，正是通过二硫键获得它们所需的强度和硬度。

硫化合物以气味难闻而知名。天然气、臭鼬、臭鸡蛋的难闻气味都来自于硫化合物。

硒

待在非金属底部右下角的硒有一些金属性质。它是一种半导体，用于第一代光电池和整流二极管中。元素周期表中，硒在硫的正下方。在黄铁矿中，它能替代部分硫原子。身体需要微量的硒，因为它是一些酶发挥功能的关键因子。但摄入稍多一点硒就会让人中毒。

Se 34

硒

▲ 一块破碎的纯硒晶体。

S 16

硫

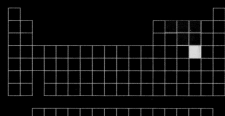

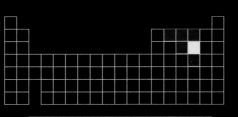

▲ 在火山和地热喷口周围能天然形成相当纯的硫。

卤素

位于周期表几乎最右端的卤素，只差一个电子就能填满电子轨道，因此拥有非同寻常的化学活性。它们的外层电子被7个质子强烈吸引，这使得它们很容易从别的元素中掠夺一个电子来占据轨道的最后一个空位。即便是经常抢电子的氧元素，都会把自己的电子奉献给卤素，这时候，氧本身"被氧化"。

与卤素遥相呼应的是碱金属，它的外层只有一个孤单的电子，从上往下走，这个电子离吸引着它的原子核越来越远，也就越来越容易失去，因此碱金属的反应活性会越来越强。

但卤素恰恰相反，随着电子越来越远，原子核的掠夺能力也就越来越差，卤素的攻击性变差，活性下降。如果说左下角的铯和钫是碱金属中金属性和反应活性最强的元素，那么位于右上角相反位置上的氟元素，则是所有元素中金属性最差但最活泼的元素。

氟的活性强到能融化玻璃，它必须储存在有氟化物涂层保护的容器中，这样容器剩下的部分就可以免于被消耗，铜和铁都能做到这一点。特氟隆有保护作用，因为碳链已经提前被氟饱和。氟也能和水反应生成氢氟酸，同时释放出氧。

在卤素一族中，各元素属性的规则性变化再次出现。从上往下，随着原子核与电子的距离拉大，活性随之下降，密度、沸点和熔点则上升。在这一列中，我们能看到物质的全部3种状态：室温下，氟和氯都是气体；溴是液体（周期表中除汞之外，仅有的液体）；碘是固体，虽然它的熔点和沸点极其接近并且很低，稍微加热，它就化为美丽的紫色气体。

毫不奇怪，活性如此强的卤素在大自然中可不会独处。它们的化合物无处不在，比如我们用来调味的盐中就有。

我们用卤素中的氯和碘杀死水中的有害生物。纯卤素可以漂白有色化合物，但是我们在洗衣房用的次氯酸钠漂白剂，并不是用氯本身来漂白衣服，而是它释放出的氧。纯氯会和衣服中的纤维反应，衣服会被腐蚀成烂布条。

卤素与氢会强烈反应并生成极强的酸。盐酸在工业上被广泛用于除锈，氢氟酸甚至能溶化玻璃。

一旦与卤素反应，形成的强键会阻碍产物与其他化学物质继续反应。特氟隆有长长的碳链，每一个碳原子上有两个氟。其他卤代烃还包括制冷剂（氟利昂）和杀虫剂（甲基溴铵）。三氯乙烯

是一个广泛使用的溶剂，因为污染地下水而被禁用。

卤代化合物的问题之一在于它们结合得如此紧密，极难自然分解。另外的问题则是发生了一些糟糕的反应，比如氟利昂和大气层上方的臭氧反应，结果导致大气层臭氧空洞（译者注：大气层上空的臭氧过滤紫外线，可保护地面生命的安全）。

所有的卤素都有毒，第一次世界大战时，氯气被当作武器使用，带来毁灭性的效应。不过，检测氯气不难，用防毒面具即可应对。

对于人类而言，碘是我们生命所需的最重的元素。虽然，纯卤素都是人造的，但卤素化合物，如碘化物、食盐，则是营养必需品。身体制造甲状腺激素需要碘，幼儿时期的碘缺乏会导致大脑发育不良（译者注：呆小症）。

卤素的活性让它们可以和那些通常不参与化学反应的元素结合，但产物通常并不稳定。银的卤化物（卤化银与其他一些物质）用于摄影，因为只需要一点点光就能将它分解，留下微量的纯银被困在相片乳胶中。（银的极细微颗粒看起来是黑色的。）有机卤素化合物，如甲基溴也被光分解，在大气层上空

装在一个石英玻璃安瓿中
处于高压状态下的液化氯。

对臭氧空洞的形成也有贡献。较重的卤素，如溴、碘，所形成的卤化物，更容易发生光化学反应。因为它们形成的键比氟或氯所形成的化学键更容易断裂。

所有卤素的外层电子都是7个，只差1个电子就能填满外层所需的8个。随着原子核中质子的增加，它们牵引着电子越来越靠近原子核。因此，对周期表的每一行元素来说，填满了外层电子的元素，其原子最小，我们马上就会看到，在惰性气体中正是如此。不过，卤素原子只比同一行的惰性气体原子稍微大一点点。

氟原子极小，甚至比氢原子都小，仅大于氦和氖。这意味着，氟进行化学反应时，在外层成键时并没有太多额外的地方放新电子。氟气是氟的分子，由一对氟原子组成。氟原子太小了，以至于这一对氟原子在分享电子时，原子核彼此间过于靠近而互相排斥，这让氟气分子的共价键比通常情况下弱得多。因此，氟气分子中的氟原子很容易彼此分离，然后去与别的更大的原子结合。这个额外因素使氟的反应活性超过预期。

氢和氟之间不止在尺寸上相似，它们两个都只差1个电子就能填满外层，氟原子微小的半径让它可以轻而易举地代替氢，甚至在长长的碳链中也是如此，

比如化合物特氟隆。氢和氟非常相似，我们可以把周期表修改一下，把氢放到氟上面，紧靠右边的氦。事实上，有些变种周期表就是这么干的。

F	9
氟	
Cl	17
氯	
Br	35
溴	
I	53
碘	
At	85
砹	

氟

氟是一种淡黄色气体，几乎与任何物质都能发生十分迅猛的反应，包括玻璃。这只纯石英安瓿大概能困住它一小会儿。

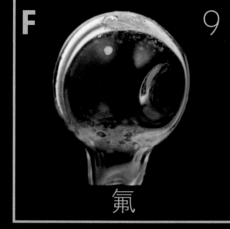

F 9

氟

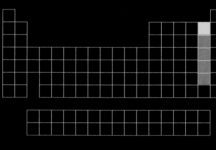

　　氟是位于右上角的活性元素，这使得它的诸多性质都达到极致。它是最小的元素，也是活性最强的元素。它吸引电子的能力无与伦比。氟有2个电子层，氟原子核对它所有电子的强烈吸引，是它具有这些属性的全部原因。

　　氟是活性最强的元素，这意味着它和别的元素所形成的键很难被其他化学反应破坏。要想把氟从化合物中分离出来只能用电解法：向氟化合物溶液或者熔化的氟化合物盐中通电来制备氟。

　　氟化物抵抗化学攻击的能力让它十分有用，比如，特氟隆，一种长碳链分子，每个碳都结合了2个氟原子。它能阻止食物遇热后粘附到金属锅上的化学反应。另外，特氟隆还耐酸以及其他化学性质活泼的液体、气体，对容器来说，是一种不错的涂层材料。

∧ 带一次性针头的特氟隆®缝合线。

更小一点的有机氟碳化合物是一种稠密的液体，密度是水的2倍，不与水或有机溶剂混溶。但是，它能有效溶解各种气体，在实验室中，将其用作深海潜水的呼吸液并尝试用它代替血液。它们用作器官转移的保护剂，并能促进伤口愈合，因为它们能溶解氧并供应给人体组织。

尽管铀和钨是已知的最致密的元素，但六氟化铀和六氟化钨却是气体。含有多个氟的化合物通常都是气体，这是因为那些原子和氟之间形成的键太强，以至于难以再和其他原子成键了。六氟化钨比空气重11倍，它有极强的腐蚀性，因为分子中所含的氟更愿意和氢、碳这些原子待在一起，而不是和钨，因此它会和人体组织、橡胶甚至水发生强烈的化学反应。

六氟化硫气体相对安全，它是惰性的并且无毒，但它的密度是空气的5倍。吸入它之后，你的声音会变得异常低沉，但如果吸入的是氦气则恰好相反。

▽ 特氟隆制的薄垫圈。

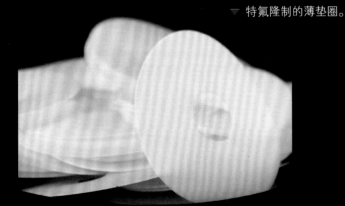

▽ 供饮用水中未加氟的人购买的氟化水，可以预防蛀牙。

氯

纯氯是一种纯净的绿黄色气体。不走运的话，你可能闻到过它的气味：含氯漂白剂的蒸气中存在微量的氯。向漂白剂中加酸，会产生更多的氯。别这么干，氯很危险。

2个氯原子构成1个氯气分子。由于在一个狭小的空间中，强行挤下了彼此相互排斥的14个电子，氯分子中的原子三心二意。这也使得氯气的活性超过常态，氯分子中的原子很容易分开，然后与其他原子（比如生物体中的氢、碳）形成氯化物。这使得氯对微生物的毒性极高，我们用它来杀死水中和物体表面的微生物。

氯气的沸点是零下34摄氏度，这让它很容易被液化。如用冰和食盐再加上氯化钙就能达到这个温度，或在室温下对它施加8个大气压，这两件事都不难。液态的氯是带一丝绿意的黄色液体。

氯溶解于水形成盐酸和次氯酸（HCl和HClO）。这很重要，因为添加碱液（氢氧化钠）去中和这两种酸时会得到盐和次氯酸钠，这种混合物被称为液体漂白剂。把它稀

释后，可用来漂白服装和消毒卫生间，它的超浓缩形式也用于消毒游泳池。

氯的淡黄色，只在白背景下才可见。

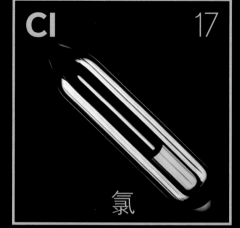

CI 17

氯

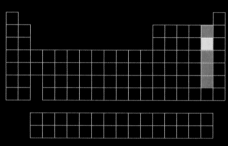

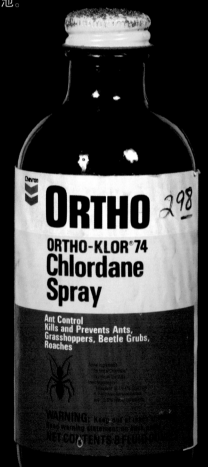

氯丹是一种非常常见的杀虫剂，曾用于对抗白蚁。它最大的优势是会持续保留在土壤中数十年之久。当然，这也就是它最终被禁用的原因。

含氯漂白剂（次氯酸钠）就是一种对氯最常见的应用例子，氯作为消毒剂和氧化清洁剂。

还有许多重要的氯化合物。除食盐之外，氯和甲烷的反应产生一系列有用的氯化物。如果氯取代甲烷中所有的氢，就得到四氯化碳溶剂；留下1个氢，则是麻醉剂氯仿；留一半则是二氯甲烷，一种容易沸腾的液体，曾用于玩具（如饮酒鸟和手锅炉）中；如果只替换一个氢原子，那就得到制冷剂氯甲烷。

其他常见的有机氯化合物，包括杀虫剂（如DDT）及使用在纺织和塑料上的材料（如聚氯乙烯）。

有趣的是，氯比氟对额外的电子有更高的亲和力，事实上，当增加一个额外的电子时，氯比其他任何元素释放出的能量都要多。氟太小，环绕着它的电子十分拥挤，会排斥其他电子，虽然只是一点点，但已足以让氯获得电子亲和力大奖。氟仍然是迄今为止对电子最饥饿的元素，吸引电子的能力也比氯强。

这只是一瓶溶解了氯的酒精溶液，其目的是：基于医疗目的，提供一个方便的方式吸入氯。使用说明上说，坐在一个小而封闭的房间中，打开一个小瓶把液体倒在盘子上，然后深呼吸。哎唷！

溴

溴是一种具备腐蚀性的红棕色液体，容易蒸发，产生橙色的烟气。溴分子由2个溴原子构成，它们彼此间的吸引力比氟和氯中的情况好，但也只够让溴在室温下维持液态。

夏天，人行道上的温度就能让溴沸腾，而厨房冰箱也足以把它转变成固体。所有的卤素在液态时都只有一个狭窄的温度范围。氧气也是这样，氮气和惰性气体的范围更小。这暗示此类气体中的原子彼此间的键十分微弱。氢的温度范围也极窄，有种意见认为，应该把氢放在卤素列而不是碱金属列。

含溴的碳化合物遇热会释放出溴，有时只需暴露在阳光下即可。这让它们成为良好的阻燃剂，这是此类化合物主要的工业应用。

与溴有关的许多反应在阳光下都会被加速。这种光化学反应是因为溴的外层电子会吸收光，然后变得活跃，这让溴变得更像金属。

溴化银的光敏特性被用于制作胶卷。溴吸收光能后，分子裂成2个原子。但在大气层上部，溴化物中的溴被阳光释放出来以后，会破坏具有保

流行的柑橘类苏打水常使用溴化植物油作为乳化剂。只要有足够的溴原子添加到油分子中，就能把油的密度提高到和水相匹配，让油悬浮在水中而不是分层漂在水上。

Br 35

溴

◁ 溴在室温下是液体，但会极其迅速地蒸发为深紫红色的气体。

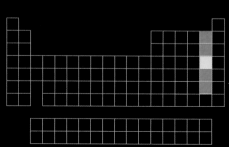

护性的臭氧。这就是不再使用溴化甲基作为杀虫剂的原因。

溴盐曾被用作镇静剂。"溴化物"这个单词的另外意思就是平庸和无趣。今天，溴化物仍然被用于治疗癫痫。

顺着卤素列往下，元素从气体到液体再到固体，逐渐变化。元素活泼程度也逐渐下降，从最不具有金属性质的氟开始，金属性逐渐升高。如果给以足够的压力，溴能转变成金属。

◁ 一个装有溴的圣诞装饰瓶。

◁ 溴化钠片用于维持浴桶内的热水温度。

碘

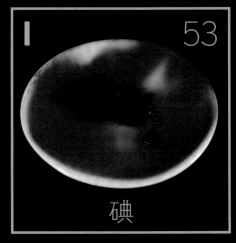

受热时，碘蒸发成美丽的紫色蒸气。这张照片中，盘子的底部有一个电筒提供照明。

I 53
碘

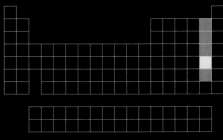

卤素列继续往下走，就遇到元素碘，一种固体元素。碘的熔点只比沸水的温度高一点点，再增加大约70摄氏度，碘就会气化。熔点和沸点间的温差太小，导致碘给人的印象是遇热似乎就直接气化了。

碘蒸气呈现美丽的粉紫色，但它有毒并有刺激性，它的气味完全符合卤素气味的名声（氯闻起来像漂白剂；溴得名于恶臭的公山羊）。

与其他卤素相似，碘也是双原子分子，由一个易于断裂的键维系，因此增加了纯元素的反应活性。除惰性气体外，碘能和所有其他元素反应。但碘原子间的键是已知的最长单键，这让碘分子在室温下能以固体的形式存在。

固体的碘呈蓝灰或蓝黑色。当它溶解在有机溶剂，如汽油中时则呈紫色。碘并不易溶于水，除非预先在水中溶解一些碘化钾，这样碘离子和碘形成能溶于水中的三碘化物。药箱中的碘酊就是用这样的办法来制备的，碘酊即碘的酒精溶液（某种物质溶解在酒精中所得到的溶液则称为酊）。

碘是一种不错的防腐剂，就像其他卤素一样，它能杀死细菌。碘本身是温和的，它不损伤组织或者引起疼痛，碘酊的刺激性来自酒精。把含氯漂白剂涂抹到割伤或擦伤的部位上则会刺痛得多。碘也用于杀死饮用水中的微生物，这正是徒步旅行者携带碘片的原因。另一种含碘的防腐剂是碘伏，用于外科手术前消毒皮肤。

碘是人类膳食中的必需元素，身体制造甲状腺素需要碘。在大规模推广使用碘盐之前，许多土壤中缺乏碘并且难于获得海鲜（碘的来源之一）的地区，碘缺乏症非常常见。碘缺乏导致大脖子病（甲状腺肿大）和精神发育障碍。

由于碘在甲状腺富集，因此，甲状腺对碘的放射性同位素高度敏感。微量的放射性碘（来自核反应堆事故的微量即可）就能导致甲状腺癌。对处于核事故下风处的居民，可提前服用非放射性的碘来对此进行预防，其机制是让甲状腺不能储存放射性碘，因为它已被非放射性碘饱和。

讽刺的是，可用放射性碘治疗甲状腺癌。因为甲状腺细胞摄取的碘远远超过其他细胞，所以放射性碘杀死的都是甲状腺细胞，包括那些转移到了其他组织的甲状腺细胞也一样会被杀死。看起来放射性碘就像魔法子弹，仅仅杀死甲状腺细胞。没有了甲状腺，这些患者必须依赖甲状腺激素替代疗法，来部分代替甲状腺功能。

碘遇淀粉生成一种蓝色化合物，这个反应可以用来作为指示剂，检测食物中是否存在淀粉。组织和微生物中的淀粉颗粒同样遇碘变蓝，在显微镜下可见蓝色区域。

碘还能用来检测伪钞，如果它们是用含有淀粉的商业纸制造的话。

碘和溴对X射线是不透明的，这在血管和消化道成像中很有用，它们的化合物能使图像增强。碘化银作为雨滴的种子，促使云凝成雨滴。与其他卤化银一样，它也用于制造感光乳剂。

砹

▷ 一块漂亮的荧光铀矿物（钙铀云母），$Ca(UO_2)_2(PO_4)_2 \cdot 10H_2O$，在任意时刻都可能包含一个砹原子。

At 85

砹

最重的卤素是砹。它也是最罕见的卤素，因为它有放射性，并且半衰期只有区区8小时。自然界中的砹来自铀的衰变。人造的砹通过用阿尔法粒子轰击铋而获得。

自然界中天然存在的最罕见元素就是砹。它也是门捷列夫预言一定存在的元素，以填补他周期表中的空位。人们曾生产过极微量的砹元素，以便对它进行分析。据估计，任意时刻，地球地壳中存在的砹大约只有30克。

如果有多一点点砹进行分析，按它在周期表中的位置，它应该是卤素中金属性最强、反应性最弱的元素。在医学上，正尝试用砹治疗某些肿瘤。砹释放的阿尔法粒子不能穿透深层组织，因此把砹的化合物送到肿瘤中对周围正常组织造成的损伤最小。

惰性气体

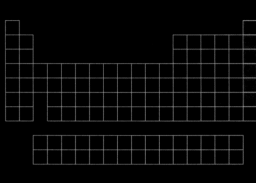

周期表右末端的所有元素，其外电子层都没有空位，处于满载状态，它们也不能从其他原子中俘获电子。因此，这些元素难以和其他元素反应，所以被称为惰性元素。

这一列的元素也称为高贵气体。因为它们的行为与贵金属黄金相似，不和别的元素化合。即便是同种元素，原子们都独来独往，不像别的气体分子，通常是双原子分子。

在周期表末端的部分，电子被原子核吸引到附近。惰性气体原子不从其他原子吸引电子，因为它们的外层轨道已经没有多余的位置。同时，它们的电子也无须进入更高的能级轨道。比起同一行的卤素，惰性气体多了一个质子，它对所有外层电子施加吸引力。因此，要从惰性气体原子中剥夺一个电子，难如登天。

在周期表的同一行中，惰性气体的熔点和沸点最低，原子最小，密度最小，唯一的例外是第一行的氦比氢的密度大。

并且，惰性气体的液态形式只存在于极其狭窄的温度范围内，因为它们的熔点和沸点之间通常只差几摄氏度。温度低一点就凝结为固态，高一点就会气化。

惰性气体在地球上非常罕见。这是因为它们不与别的元素结合，而密度低的物质又不容易在太阳附近停留，以便参与行星的形成。它们通常存在于太阳系外层的气体巨行星之中和宇宙空间里。在那里，氦的数量仅次于氢。位于惰性气体列的元素越靠下，丰度越低。

在数千伏电压驱动下发光的希尔伯特分形曲线霓虹灯雕塑（译者注：大卫·希尔伯特在1891年发现，有一种曲线可完全填满一个正方形平面。但曲线是没有面积的，而平面则有。该曲线后被称为希尔伯特分形曲线，后来被拓展到三维空间中）。

Hilbert-fractal sculpture
— a space filling curve.

Perfectly Scientific Inc.
www.perfsci.com

LIMITED EDITION

惰性气体具有独特的性质，在工业中被广泛应用。如，焊接工艺中，使用惰性气体保护熔化的金属，免遭空气中氧的锈蚀。用电弧熔化铝、镁或其他比较活泼的合金进行焊接时，通常使用氦或氩的气流吹到焊接点，进行保护。与此相似，在白炽灯泡中也使用惰性气体保护灯丝。

电流通过惰性气体时，它们会释放出有颜色的光。因此，惰性气体在辉光放电的灯具中大量使用，如各种霓虹灯标志中。气体激光器中也利用惰性气体的这种属性。氙被用于制造闪光灯，你的相机中就可能有一个氙闪光灯。它们既足够明亮又十分短暂，同时，与诸多其他替代品相比，其色彩平衡更接近于太阳光，这对捕捉运动场景来说，效果非凡。

由于惰性气体的沸点低，这使得它们的液体形态可以把设备的温度降到极低的水平，只需把设备浸泡在沸腾的氦或更重的液态惰性元素中。液氦尤其有用，因为它的沸点最低，非常接近绝对零度。它被用来冷却磁共振仪器中的超导磁铁以及粒子加速器（译者注：惰性气体的沸点已经很低，沸腾时还需要吸收热量，因此浸泡在其中的物质的温度会进一步下降）。

深水潜水员呼吸的是氧气和氦的混合物，因为氮在30米深的水下会具有麻醉效果。氦比氮更难溶于血液中，使用它还能减少患减压病的概率。本来溶解在血液中的气体随着压力的降低，在关节中被释放出来，引起让人疼痛难忍的减压病。

由于对氢的可燃性的恐惧，在比空气轻的交通工具（译者注：如飞艇）中氦最终替代了氢。聚会中使用的气球也因此使用氦而不是氢。

惰性气体还有许多相当特别的用途。氙类似于笑气（一氧化二氮）被用作麻醉剂，因为，氙能溶解在环绕在神经周围的绝缘性脂膜中。氙麻醉剂比笑气的麻醉时间短，因为它离开身体的速度比笑气快。

通过放电的方式，先把惰性气体中的电子驱逐，那它们就能和其他元素结合。它们要么和自身同种原子结合，要么和卤素结合成二聚体。二聚体激光是种特殊的激光，能产生波长极短的紫外激光。二聚体激光可用于成像和激光手术，工业应用则包括生产计算机芯片。

在周期表的其余部分，金属的反应活性会随着重量的增加而增加，因为它们的外层电子离原子核越来越远。非金属和卤素则恰好相反。惰性气体与金属相似，越往下反应活性越高。但氦的反应活性比氖稍微高一点，是个例外。所有其他惰性气体，在外层都有8个电子，被原子核中8个未被屏蔽的质子吸引。氦只有2个电子，虽然靠近原子核，但它们只被2个质子吸引，这是它成为例外的原因。

1962年，一种由氙、铂和6个氟原子构成的化合物（六氟合铂酸氙）被制成，打破了惰性气体的惰性神话。这引发了制造氙化合物的热潮，如，把氙和氟或氧结合，或者与氟和氧两者同时结合，来获得氙化合物。包括钠、碳、硫和过渡金属，参与制造的更复杂的氙化合物也随后而至，目前已获得数千种氙化合物。其他的惰性气体化合物，还包括二氟化氪、二氟化氡和氟氩化氢。

惰性气体与氧或卤素形成的化合物是强有力的氧化剂。对化合物中的氧和氟而言，离开惰性气体元素，去和其他物质结合，非常容易。氙与氮和氟制备的化合物已经在一些特殊的火箭推进剂中作为氧化剂使用。

把惰性气体困在水笼子或巴基球中是可能的，但那是欺骗，并非形成了化合物。

氦

He ²
氦

通常无色惰性的氦，在通电后，发出淡粉色奶油般的光芒。

在所有元素中，氦的原子半径最小，甚至比氢原子还小，并且其熔点也最低。同时，要从氦中移走电子是最困难的。不过，氦的反应活性略高于氖，排在倒数第二。

宇宙中的大多数氦是在大爆炸那会儿被创生出来的。但目前地球上并没有发现历史如此悠久的氦，因为它密度太轻，没法待在太阳附近参与行星形成，地球上的氦都来自于重元素的放射性衰变。也就是说，你聚会中使用的氦气球都来自于这个过程。氦通常被困在地质构造中，如天然气矿中，在有些气矿中氦的体积甚至高达7%。释放阿尔法粒子（氦的原子核）是放射性衰变中最普通的类型。阿尔法粒子迅速得到电子转变为氦原子，然后在岩石中穿行，直到遇到更难穿过的物质，在那里它们和其他气体混合。每年全球性的放射性衰变可产生大约300万千克氦，大气层中的氦不断逸出到外太空，其逸出速度比产生的速度稍微高一点点。

目前，人类能获得的最低温度

只能将氦液化，要想得到氦的固体形式，至少还需要20个大气压的帮助。不过，在极低的温度下，氦转变为超流体，它可以流动无碍，具有极大的热导率，在流体中温度总是保持一致。它可以越过容器壁到达更低的位置，像一个自动运作的虹吸管。

气态氦的折光率非常接近于真空，液态和固体状态时的氦也同样

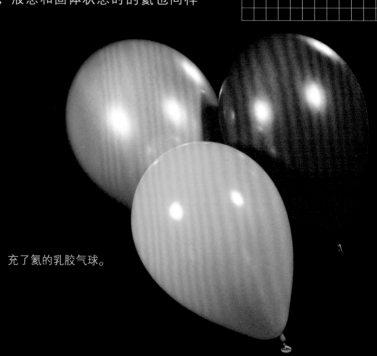

充了氦的乳胶气球。

如此。因此，很难看见固体和液体的氦，让人难以区分氦究竟处于何种状态，要看到液氦的表面在哪里并非易事。研究者有时在液氦上放一个漂浮物，这可以帮助他们看到液面究竟在哪里。

液氦可用来冷却超导磁铁。冷却大型强子对撞机中的超导磁铁使用了超过20万磅（9万千克）的氦。医院中使用的磁共振成像仪也需要少量的液氦。氦具有较高的热导率，接近乙醚和丙酮，比空气的热导率高6倍。因此，氦也用于冷却核反应堆。此外，氦是惰性的且对中子透明。但是，氦的高热导率对于深水潜水员是一个问题，他们呼吸的是氦氧混合物，在深水中，这种气体可比压缩空气冷得快得多。

声音在氦中传播的速度是在空气中的3倍。如果吸进氦，你发声的频率就会受到影响，你发声共鸣箱中的氦越多，你的声音就越高亢。这就是为什么，当你从一个气球中吸了氦时，你的声音听起来就像唐老鸭的声音。

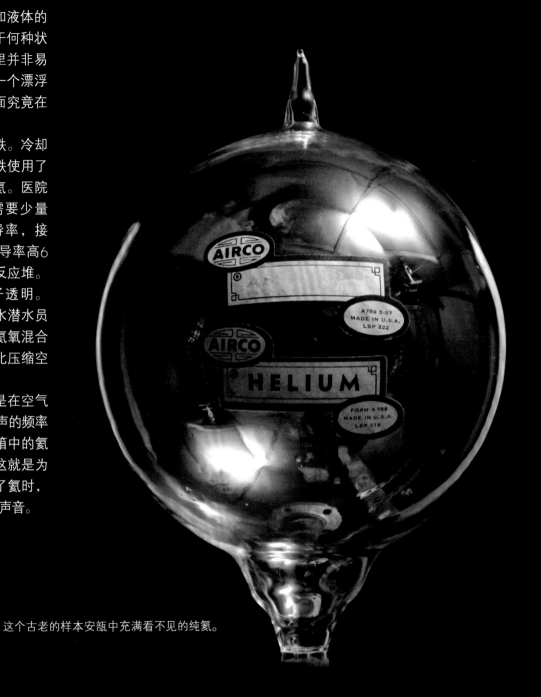

这个古老的样本安瓿中充满看不见的纯氦。

氖

氖虹灯广告牌中的确有氖，就像这个形状为 **Ne** 的灯管中一样。当电流通过它时，它就会发光。

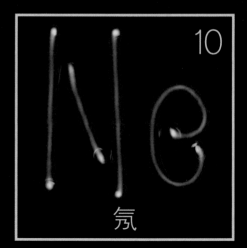

10
氖

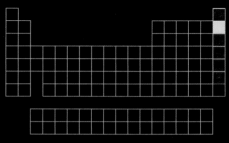

氦正下方的氖是周期表所有元素中活性最差的一个。它对电子的束缚比氦还要紧密，因为它的电子不在一个壳层中，不像氦的电子那样彼此遮挡住原子核（译者注：氦 $1s^2$；氖 $1s^2 2s^2 2p^6$）。

在某些属性上，氖是冠军。如液态氖转变为气体时，其体积增长1438倍，远远超过排在第二的氧（仅860倍）。所有的元素中，氖的熔点和沸点差距最小；其熔点为零下248.6摄氏度，沸点为零下246.1摄氏度，仅相差2.5摄氏度。在低温下，液氖是最好的制冷剂，制冷速度是液氦的40倍，但用液氦制冷能得到更低的温度。

氖是一个日常词汇，因为它被用于氖灯（霓虹灯）这个短语中。虽然所有的惰性气体在通电时都能发出辉光，但氖发出的光最强。因此，

最初在广告中使用——制造成字母形状——的长辉光管中充的都是氖。但现在，即便霓虹灯中充的是其他气体，我们依然称它们为氖灯。

霓虹灯的一个变种是氦氖激光器。其中氦比氖多10倍，但氦只是提高氖发光的效率，发光的依然是氖。在氦氖混合气体的两端各放置一面镜子，让光在气体中来回反射，每次通过气体时，光就被增强。其中一面镜子略微透明，最终光线通过它穿出。

和所有其他惰性气体一样，氖是单原子气体，氖气中的所有原子都是单独存在的，不像氧气和氮气中原子成对存在。因此，尽管氖原子比氮和氧原子重，但氖气比氧气和氮气轻，充氖的气球会飞到天上去。

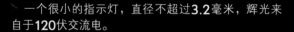

一个很小的指示灯，直径不超过**3.2**毫米，辉光来自于**120**伏交流电。

氩

氩是惰性和无色的，但接受电流刺激后，它能产生大量的天蓝色辉光。

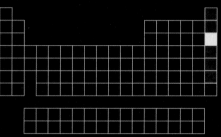

第一个被"诱骗"（与其他元素形成化合物）的惰性元素是氩，它是第3种惰性元素。氩在空气中的比例接近1%，当研究人员从空气中去除氧、氮、二氧化碳和水之后，氩就被暴露了。因此，它是第一个被发现的惰性元素。此前被发现的元素的化学活性都比它高，因此它得到了现在这个名字——氩，其词源来自于希腊语的惰性或不活泼。

几乎所有的氩都来自于放射性钾的衰变，而地壳中有大量的钾，平均每百万个原子中就有3个放射性钾。因此，地球大气中的氩比氦或氖多。

氩的导热性很差，把它充入双层玻璃之中，可以起到隔热的效果。也可以使用其他气体来隔热，但氩是最廉价的。在焊接活泼金属像铝、镁和钛时，氩也用作保护性气体。另外，氩还用于保护活泼化学物质，免遭氧气和空气中的水蒸气攻击。《独立宣言》的原始文件就被密封在一个充满氩的盒子中进行保护，尽管更廉价的氮也能干同样的工作。从前用的是氦来保护该文件，但后来氦泄露了。白炽灯泡中充氩，能让灯丝的最高温度比在真空中还要高，因此能提高电能的转换效率。

氡

这个花岗岩球代表了氡的主要来源：存在于基岩中的铀和钍。

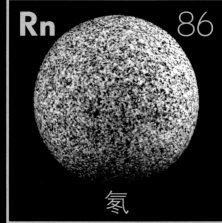

Rn 86

氡

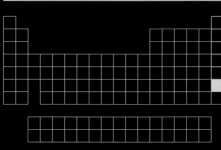

氡也是来自放射性衰变的惰性气体。并且氡本身也有放射性，半衰期不到4天。它来自于铀和钍的衰变。

氡是一种罕见元素。从每平方千米的土壤表面刮下厚度为5.88厘米的一层土，你才能收集到1克氡。虽然氡极其罕见，但它的密度会让它汇聚到一个封闭的空间中，在那儿它会带来麻烦。

氡是已知的密度最大的气体，比空气重8倍。这意味着它从含有铀的岩石和土壤中产生出来后，会汇聚到地下室、洞穴和矿山之中，给人体健康带来很大风险。人们在日常生活中接触到的大部分辐射暴露来自于氡。

氡的放射性能诱发肺癌，氡的含量越高，肺癌发生风险越高。用通风设备从矿井中排除氡是目前的强制规定。

氡也汇聚在温泉中。从前有些人希望用辐射来解决所有疾病，他们会寻找这类温泉并呼吸"治疗性"蒸气，不过，他们不算完全发疯。在所谓的辐射刺激效应中，辐射能削弱免疫系统，从而减少自身免疫性疾病的影响，如关节炎。如果需要这么做的话，我会非常小心剂量。

氡的更明确的医学用途是，把氡装在小容器中，然后植入患者体内，用氡产生的辐射杀死肿瘤细胞。

这张明信片展示在美国俄克拉荷马的一个镭澡堂，该澡堂声称可改善风湿病、胃病和皮肤疾病的症状。不过，水中的放射性来自氡，而不是镭。

Radium Water Bath Will Improve Your Health

RECOMMENDED FOR RHEUMATISM, STOMACH TROUBLE

ECZEMA AND OTHER SKIN DISEASES

THE RADIUM BATH HOUSE, CLAREMORE'S FINEST, CLAREMORE, OKLA.

氪

氪的价格是氩的100倍。每百万原子的空气中，只有1个原子是氪。氪与氩一起被添加到荧光灯管中，可减少电力消耗。充入白炽灯中的氪让灯丝的温度更高，能产生蓝光。

在气体放电管中，氪产生不同颜色的许多谱线，看起来是白色的。这对于摄影很方便，但它也是不错的广告光源，因为可以用有色玻璃产生出任意想要的颜色。

与氩和一氧化二氮（笑气）相似，氪也是一种麻醉剂，通过溶解在神经周围的绝缘性脂膜里，影响神经功能。

对惰性气体的诸多应用都涉及它们独特的谱线，从气体放电管中产生不同颜色的光，以及气体激光器中产生各种频率的激光。产生特定谱线的氪激光器可用于研究工作中，如强大的氟化氪二聚体激光被用于核聚变的研究。

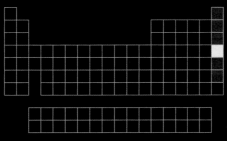

像所有的惰性气体一样，通电时氪也会发光。但它发出的颜色在标准油墨能打印的范围之外，因此这张图片中的颜色只是一个近似。

氙

54

Xe

氙

管子中的氙气被高压电激励，释放出漂亮的淡紫色辉光。

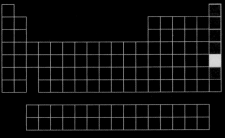

空气中每2000万个原子中只有1个是氙。1898年，人们在蒸馏液态空气时发现了它，其名字来自希腊词汇"陌生者"（因为它的稀有性）。

惰性气体列越往下，原子就越大，从元素中移除电子也就越来越容易。比如，从氙中移除电子，就像从氧中移除电子一样容易。不过，更公平的说法应该是，从这两种元素中移除电子都同样困难（氧本身难以被氧化）。

但正是认识到氧能被诱导失去电子，研究者们才想到对氙也可以试试。六氟化铂是一种极其强有力的氧化剂，能够氧化氧，把它尝试性地用于氙，非常顺利地就形成了六氟铂酸氙。从发现氙到制成氙化合物，仅花了64年。

氙是第一种作为麻醉剂使用的惰性气体，这起因于人们对氮麻醉现象（深海潜水）的研究。1939年，为深海潜水员寻找呼吸用混合气体时，研究者发现就在普通大气压下，氙有醉态效应（压力达到-30米深的水压时，才会出现氮麻醉现象）。不过，直到1951年，才有人把氙用在病人的外科手术中。

在无放射性的惰性气体中，氙是最重的一个。气态的氙比空气重4.5倍；液氙比水重3倍；固态的氙比花岗岩还要重。在极高的压力下，固态氙可以金属化，同样的模式贯穿在整

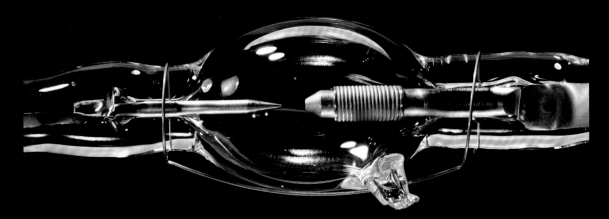

氙短弧灯。

个周期表中，离氟越远，元素的金属性就越强。金属氙吸收红光，这让它看起来呈淡蓝色。在气体放电管中，氙产生多种谱线的光，其中最明亮的在蓝色范围，因此它的辉光看起来是蓝白色。氙闪光灯并不贵，即便廉价相机中都有内置的氙闪光灯，其明亮程度足以捕捉运动图像。

氙弧灯的颜色和亮度类似于正午的阳光，3D影院放映机和高亮度汽车前灯都使用氙弧灯提供光源。

由于氙比铁还重，因此它不像那些较轻的惰性气体那样存在于普通的恒星之中，氙只会出现在红巨星、新星、超新星之中。来自于更重的放射性元素衰变产生的氙只占很少的部分（译者注：新星是指那些突然变亮的白矮星，其原因是白矮星吸积表面的氢突然发生剧烈的核聚变现象，导致暗星突然变亮，被误认为是新产生的恒星）。

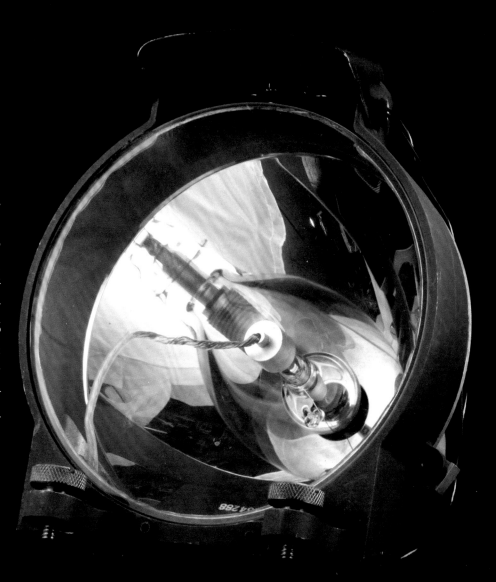

氙短弧灯投影仪灯。

镧系元素

在周期表第6行，钡的右边，有4种相似的元素，它们被压缩到一格中显示。镧是起始的第一种，因此所有这14种元素被统称为镧系元素。它们的化学性质异常相似，在矿石中很难把它们彼此分开（原因参见附录9——新亚层）。

镧系元素和锕系元素（在镧系元素的下一行），这两系元素通常被取出来，放到周期表主表的下方。这么做的目的仅仅是为了压缩周期表的长度，让它能在单张纸上印刷出来。如果把这两系元素放到它们本来应该存在的位置上（镧系在钡和铪之间，锕系在镭和𬬻之间），就会让周期表太长。但这么做的后果是隐藏了周期表的某些模式，并人为制造了一个虚假的周期表元素连续性的断裂感。

从左向右，镧系元素的化学属性变化非常精细。大多数情况下，它们的行为像碱土金属（钡、钙和镁）。

多数镧系元素易被氧化，容易燃烧，与水反应生成氢氧化物，就像多数碱土金属一样。

镧系元素与过渡金属中的钪和钇一起，曾被称为稀土金属，因为它们与其他的"土"（该词来自碱土金属，它们的化合物难溶于水）相比，共性更少。事实上，稀土元素并不真的稀少，地壳中的铈、镧和钕比铅多得多，即便最罕见的镥和铥都比银常见。它们看起来稀少，是因为从前没有发现它们的富矿。

从左向右，镧系元素的原子半径逐渐变小。这是因为原子核中新增的质子并没有被新增加的电子良好地屏蔽住（参见附录9）。结果就是，随着元素变重，它们的电子壳层收缩，表现出更高的密度、更高的熔点以及更高的硬度。如果不是因为物理属性在发生渐变，这些本就难以分离的金属会变得更加相似，更难以分离出来！

由于分离镧系元素成本高昂，因此通常使用的是它们的混合物。它们属性本就相似，不仅意味着彼此难以分离，也意味着多数情况下，根本没有必要把它们分开。比如，铈是一种相当普通的元素，但要把它从镧、钕和镨中纯化出来，代价不菲（这4种元素在镧系元素中是挨在一起的）。这4种元素合称为铈镧稀土合金（词源来自德语中的"混合金属"一词），它们被同时提取出来，用于制作打火机火石，当打火机轮子边缘锐利的钢齿撞击它们时，就会产生明亮的火花。

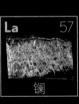
La 57 镧

Ce 58 铈

Pr 59 镨

Nd 60 钕

Pm 61 钷

Sm 62 钐

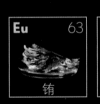
Eu 63 铕

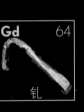
Gd 64 钆

作为打火石，铈镧稀土合金太软，还要掺入铁和氧化镁提高硬度，保持形状的同时还能降低成本。

与铈镧稀土合金类似，钕和镨被一起提取出来，称为钕镨混合物。对吹玻璃的工人来说，用钕镨混合物制作的安全眼镜非常有用：它能阻挡来自热玻璃中的钠杂质发射出的强烈黄光，保护眼睛。现在，热玻璃看起来是淡紫色的。

镧系元素和它们的化合物能与光发生相互作用，这让它们在众多类似环境中十分有用。用它们制作的玻璃滤光器仅允许特定频率的光通过。对于太阳镜和摄影来说，滤光器能增强物体的色彩，如秋天的树叶（阻挡橙光，让叶子的颜色看起来更深），或用于阻挡紫外线。

镧被掺入光学玻璃中，可增加玻璃的折光率（玻璃的折光性变强，需要的玻璃就可以减少，从而制造出更轻的透镜）并降低色散（红蓝光线的弯曲差异），因此降低了色差（影像边缘的红蓝色）。

镧系元素的化合物通常能发荧光或磷光。它们被用来制作荧光灯和电视显像管中的荧光粉、黑暗中发光的玩具以及非放射性发光的表盘。激光器需要荧光功能。一种非常成功的激光器是钕钇铝石榴石激光器（Nd:YAG激光器），用于制造非常集中的红外线，玻璃光纤中掺入铒可制作光纤激光器，这些激光器插入长距离光纤中可放大电话信号。

此外，镧系元素的磁性能也同样重要。钕铁硼磁铁（镧系元素合金）性能极其强大，它们用于电动机、风力发电机和其他需要既小又轻的磁铁的设备中（如果不需要考虑重量和尺寸，更大的陶瓷磁铁会便宜些）。因为钕铁硼磁体在80摄氏度开始失去磁性，所以，当设备需要运行在高温环境中时，则使用钐钴磁铁。

丰田普锐斯汽车中，使用可充电的镍氢电池，在电池充电时，依靠镧合金来储存释放出的氢。普锐斯电池中使用的镧系元素超过20磅（约9千克）重（这种局面可能会因更轻的锂电池在混合动力汽车中的推广而发生改变）。

催化剂中也广泛地使用镧系元素加速化学反应，如裂解原油为汽油，或制造聚合物、制药和生产农用化学品。因为镧系催化剂能在水环境中催化反应，它可以用来代替过时的、只能在有机溶剂中发挥作用的催化剂。镧系催化剂被称为绿色催化剂，因为基于石油的有机溶剂导致了许多环境问题。

Tb 65	Dy 66	Ho 67	Er 68	Tm 69	Yb 70
铽	镝	钬	铒	铥	镱

镧

一大块撕裂的纯镧金属。

La 57
镧

镧系元素得名于第一个元素镧，它是该系中最轻的元素。把镧系的前两个元素（镧和铈），从其他镧系元素中分离出来是最容易的。镧也是与碱土金属性质最相似的元素，它容易形成可溶于水的碱性化合物，而其他镧系化合物则会沉淀下去。

与其他镧系元素比，容易纯化的氧化镧（纯度为99.997%）相对廉价（大宗交易价格每磅低于20美元）。镧用于电池、打火石和光学玻璃中，添加到钢铁中改变其属性。

镧更多时候以铈镧稀土合金身份出现，因为避免了额外的纯化步骤，其价格更加低廉。在打火石、野营灯的防风灯笼以及真空管中的阴极合金（比铜或其他常见金属更容易发射电子）中，镧通常都以混合物形式存在。

镧系元素和钍元素在受热后，会像高温钙化合物（石灰）一样发出耀眼的白光（有个词叫聚光灯），这就是瓦斯灯罩中使用这些元素的原因。它们也被添加到弧光灯的碳电极中，使探照灯和电影放映机的光线更白。光线的具体颜色可以通过各种元素的混合物进行调试，纯化的镧在这个领域大有用处（译者注：聚光灯的英文词是limelight，今天的聚光灯已用电弧灯代替了石灰lime，但limelight这个词被保留了，作者在原文中实际上解释了聚光灯这个词的来源）。

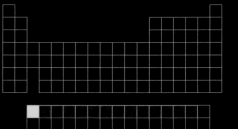

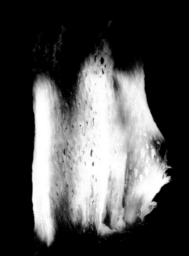

在野营灯罩中的氧化镧发出的明亮的辉光。

铈

　　铈是最容易纯化的镧系元素，因为它既能形成强碱又能形成弱碱。它的弱碱形式会从溶液中析出，这样就和那些仍然保持溶解状态的镧系元素分开了。高纯度的铈化合物的价格低于每磅5美元。

　　氧化铈被用于玻璃和金属抛光。它也作为催化剂，用于转换器、石油裂解以及自清洁烤箱的涂层中，它擅长催化这些反应。

　　在玻璃制造业中，铈可用作脱色剂使玻璃吸收紫外线。将它添加到塑料中，可通过吸收紫外线保护塑料的颜色以免褪色。铈磷光体也被用在电视机和荧光灯中。

　　作为一种廉价的镧系元素，纯铈或者混合物中未进一步精炼的铈，被用在镧系元素从前应用的所有用途之中，例如，做碳弧灯、瓦斯灯罩、催化转换器等。在打火机的火石中，铈等轻镧系元素构成了火花的成分。在许多荧光粉和颜料中，铈或混合镧系元素并不赋予任何特定的颜色，而是让物品看起来更白或更偏暖色。

　　蓝色发光二极管中利用铈激活钇铝石榴石荧光粉，获得白光。发光二极管的蓝光混合荧光粉的黄光，在人的感知中，这种混合光被认为是一种偏蓝色的白光。

Ce 58

铈

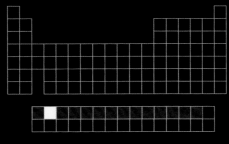

◀ 一块切开的纯铈，镧系元素中最便宜的元素之一。

镨

一个蓝色含镨的灯泡，过滤低效的白炽灯泡发出的光，让其成为一个更低效的日光灯泡。

把镨和钕分离十分困难，从前镨和钕曾经被认为是同一种元素，称为麦藻土（译者注：如今多直接翻译为钕镨混合物）。麦藻土这个词来源于希腊词汇"孪生子"，这两种元素的确就像是镧系元素中的双胞胎。但这种词义转换，一语成谶，仅仅是巧合（译者注：1841年瑞典化学家莫桑德尔从铈土中得到镨钕混合物，他没有意识到这是两种元素的混合物，不过他发现该"新元素"和镧的性质相似，因此使用了"双生子"这个词来命名）。

麦藻土中这两种元素，后来被分别命名为绿双生子（镨）——因为它的化合物的颜色——和新双生子（钕），这种命名方式也太缺乏想象力了！镨和空气反应生成绿色的氧化物，然后像铁锈那样逐渐剥落，起不到保护内部金属远离氧化的作用。

镨和钕镨混合物的主要用途是制造有色玻璃和陶瓷。掺入了它们的黄色玻璃能过滤红外线，镨钕玻璃用于制造焊工和玻璃加工人员的护目镜，它会阻挡钠化合物发出的强烈黄色光芒，这样工人们就能更清晰地看到热熔的玻璃。

除了氢之外，拥有奇数质子的元素比起那些有偶数个质子的元素更加罕见，这是由恒星制造元素的方法所决定的（偶数个质子使原子核更加稳定）。这在镧系元素中表现得尤其明显，钕（58个质子）的含量是镨（59个质子）的4倍。

一块已轻微氧化的纯镨。

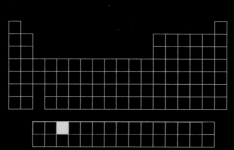

Pr 59

镨

钕

纯钕金属。

Nd 60

钕

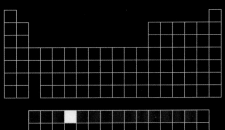

双生子中的老二——钕的含量是镨的4倍，同时使用的范围也更广，如高强度磁体（镨也参与制造）、激光器、玻璃着色剂和荧光剂中。某些白炽灯泡由钕玻璃制造，能过滤黄光，让灯光更接近于太阳光。

如果你有一支绿色的激光笔，那它极有可能发射的是红外线，被掺钕的钒酸钇晶体频率翻倍后，转变成绿光。

钕铁硼磁体（$Nd_2Fe_{14}B$）有两个特别之处。首先，它的晶体在磁化时有偏向性，在制造过程中，通过强烈的外部磁场把钕铁硼晶体排列在一起，产生的磁体能极强地保住磁力不损失。其次，钕合金磁体的磁场饱和度很高，这使得钕铁硼磁体比任何其他的磁铁材料能存储更多的磁能。

可添加少量的其他镧系元素调适合金，以便存储更多磁能。磁铁的评估标准就是它们能存储多少磁能。目前最好的磁铁被评定为N52，但理论上，钕铁硼磁体能达到N64。（译者注：N52\N64中的N来自钕的首字母，代表这类新磁铁。其后的数字表示MGOe。）

钕磁铁通常是粉末状的，或者用树脂粘结成块或烧结成块（为了得到更强的磁体）。烧结的钕磁铁非常容易锈蚀，通常镀一层其他的金属或覆盖一层塑料。但要是擦伤或碰掉一块，钕磁铁就会迅速地分解成灰色粉末。

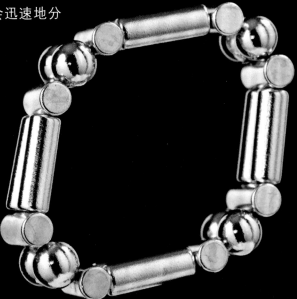

链状的钕磁铁，磁性极强，无需帮助就能把珠子串成手镯。

钷

这个钷夜光按钮是本来用于制造潜水手表的钷存货生产的。

Pm 61

钷

钷有放射性，并且没有长寿命的稳定同位素。1902年，它被预测应该存在，因为钕和钐之间似乎存在一个间隙需要元素填补。一些研究人员在镧系元素的混合物中寻找这个缺失的元素，但都无功而返。直到1945年，在铀燃料棒上才发现了它，但由于战时保密原则，直到1947年，这一发现才被公开。

钷的最长寿的同位素，其半衰期也不足18年。它代替了有毒的镭，用于夜光表和其他夜光仪器的表盘上，但这种用途已被更好的荧光材料代替，那种材料被太阳充能后，可以整夜发光。

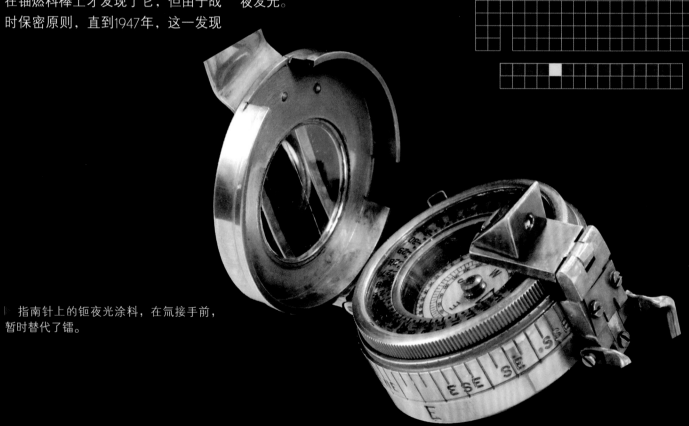

指南针上的钷夜光涂料，在氚接手前，暂时替代了镭。

铕

铕是活性最强的镧系元素，在空气中它会迅速氧化，甚至放在矿物油中都保护不了它。如果加热到150摄氏度，它会在空气中燃烧起来。与钙类似，铕和水反应，生成氢氧化物，并释放出氢气。镧系元素中，铕最软且密度也最小。像许多其他镧系元素一样，铕也用于控制棒中吸收中子，控制核反应堆。

铕能发出鲜红和蓝色的荧光，这让它十分热门。前面我曾谈起掺钕的钒酸钇用途，可使红外激光的频率倍增为绿光。彩色电视需要红、绿、蓝三色荧光，才能制造真彩色的画面，其中红色的荧光就来自掺铕的钒酸钇。在基于铕的荧光粉发现之前，电视机中的红色荧光粉光线暗淡，制造商不得不把蓝色和绿色荧光都变暗，

结果就是电视画面中的每个物品的色彩都像褪色了一样。20世纪70年代初，色彩靓丽的电视上市，迅速淘汰了黑白电视机。

今天，基于铕荧光粉的红色和蓝色荧光与铽基磷光体的黄绿色荧光一起制造出了白光节能灯。

Eu 63

铕

即便存储在油中，随着时间的推移，纯铕也会逐渐氧化。

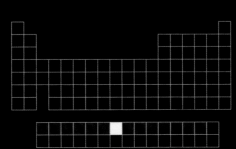

钐

虽然钐是稀土元素，但钐比锡和溴更常见。钐用于制造钐钴磁体，磁场强度是铁磁体的1万倍，仅次于钕铁硼磁体。

钐通常用氩气保护，因为它比多数镧系元素更容易氧化，即便矿物油也保护不了它。

在高温下，钐钴磁体比钕铁硼磁体更能保持磁性。因此，那些需要运行在高温下且需要既轻便、磁性又强的磁体的仪器都使用它。

钐容易氧化，但因此钐的化合物比钕更加稳定。如果钕磁体的镀层损坏，它会在数周内被腐蚀成粉末。钐钴磁体抗腐蚀性能则强得多，它们多用在很可能会遇到潮湿空气的设备中，如户外的麦克风以及吉他拾音器。

钐钴磁铁比钕磁体存储的磁能少一半，但它抗消磁性能更好（即它有更高的矫顽磁性）。

如果不需要考虑尺寸，并且需要更强的磁场，磁铁可以造得很大。因此，当钐钴磁体的特点——高矫顽磁性、耐高温和抗氧化——被看重时，比起磁性更强的钕铁硼磁体，它就是更好的选择。

随着温度的上升，钐钴磁体的磁性会轻微地下降，钆钴磁体则恰好相反。如果需要在一定的温度范围内维持稳定的磁场强度，那么这两种材料会被混合在合金中，这种磁体的磁性会更加稳定。

纯金属钐的树突状晶体。

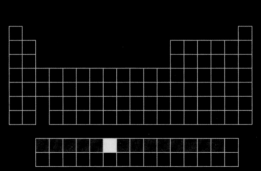

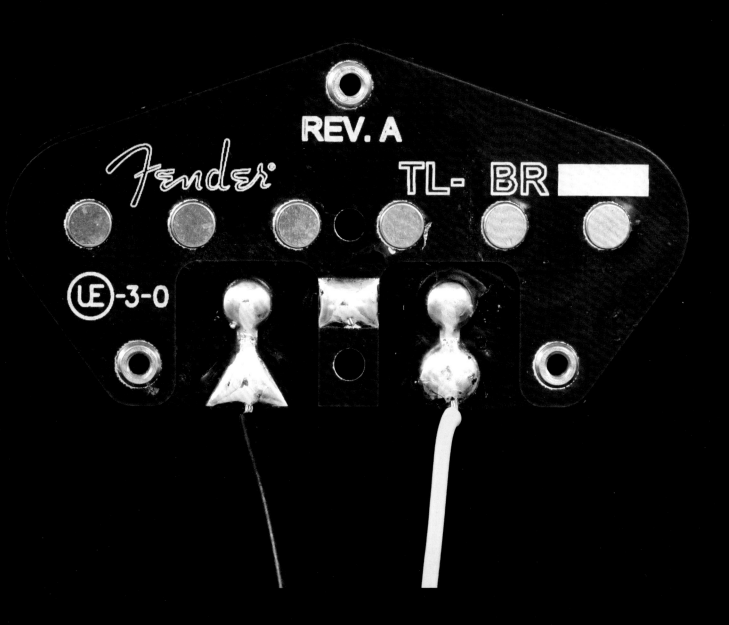

使用钐钴磁铁的电吉他拾音器。

钆

镧系元素行从镧到铕，新增的电子不再彼此配对。到钆元素时积累了7个未配对电子，到达上限。这些未配对的电子，让钆拥有了独特的磁性。它表现得像铁钴镍，可以形成永磁体，这被称为铁磁性。但与铁钴镍不同，钆会在19摄氏度的低温时，丧失铁磁性，这个温度刚刚低于舒适的室温。

钆钴磁体的知名度比不上钕或钐磁体，但钆磁体与钐磁体的合金能在温度变化时保持磁场的稳定。

即使在更高的温度下，钆依然保持顺磁性（被磁铁吸引），它因此在磁共振仪器中作为造影剂，用来显示血管的形状。

钆具有强磁热效应，放置在磁场中钆会升温，取出时冷却。这种效果可以被用来制造磁冰箱，可制冷到极低温度（接近绝对零度）。钆、硅和锗的合金制冷效率更佳。

钆擅长吸收中子，因此被用来屏蔽核反应堆，以及用在紧急关闭反应堆装置中。把钆添加到钢合金中，合金会更容易被加工，且能增强高温下的耐氧化能力。钆铽荧光粉用于X射线系统中，被X射线激发而发光。其他钆荧光粉在彩色显示器中提供绿光。

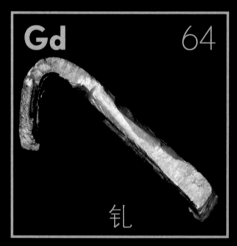

Gd 64

钆

一个钩子形状的纯钆。

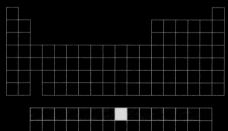

铽

Tb 65

铽

镧系元素中的铽是另一种被广泛用作彩色荧光粉的元素。在白色节能灯中，铽荧光粉发出的黄绿光补充了来自铕荧光粉发出的红蓝光，混合成为白光。

铽和铕在钨酸钙（$CaWO_4$）荧光粉中扮演活化剂。通过调整各种镧系元素的量，能产生出可见光谱中的任何颜色。另外，铽荧光粉也用在X射线透视屏中。

在室温空气中，铽不会迅速被氧化，氧化它需要更高的温度。铽、钇、镱和铒，这些元素的名字都从瑞典乙特比小镇（Ytterby）的名字中衍生，因为这些元素最初就出现在当地的采石场中。元素钬的名字来自斯德哥尔摩，铥来自斯堪的纳维亚半岛的旧名，钆则来自化学家约翰·加多林的姓氏，这些元素也来自乙特比小镇的采石场。另一种元素钪的名字则来自于整个伊比利亚半岛。

铽可制造出一种古怪的合金磁致伸缩—D，它在磁场中的膨胀和收缩的程度远超其他合金。它还用于制造驱动器和声呐收发器。另外，可用它制造一种特殊的扬声器系统，把房间的墙壁作为振动膜来使用。

铽也被用在需要在高温环境下工作的设备中，如混合动力汽车的电机和发电机风车的磁铁。

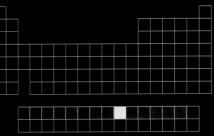

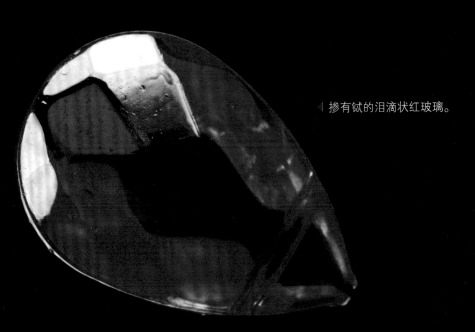

掺有铽的泪滴状红玻璃。

镝

镧系元素越往后，元素的密度越来越高，它们的某些特有性质也开始发生变化。镝除非处于高温下，否则不会打出火花来，而镧和铈则不然。镝在室温下也不会快速氧化，并且低温下的磁性很高。

镝极难从其他镧系元素中纯化出来，它的名字来自于希腊词"很难得到"。它可用于制造激光器和核反应堆控制棒。

镝化合物的磁学性质可用于硬盘驱动器的涂层。与铁和钇一起，制造磁致伸缩—D合金。少量的镝被添加到钕铁硼磁体中，使磁性更强，并降低易腐蚀的倾向。镝和其他镧系元素一样，可制造荧光粉，用于照明和成像。

掺杂铕和镝的铝锶镁荧光材料，发光时间最长，足以持续整夜。

纯镝的树突状晶体。

Dy 66

镝

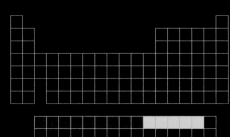

钬

钬也用于激光器、光纤和核反应堆控制棒以及荧光粉和有色玻璃中。但让钬真正声名鹊起的是它具有最高的磁感应强度。它被放到强磁铁的磁极端，聚焦磁体的磁场。在仅比绝对零度高19摄氏度的低温中，钬是铁磁体（即可制成永磁体），但在更让人舒适的温度下，它是顺磁性的（仅在外部磁场存在时，它才有磁性）。在室温且干燥的空气中，钬几乎不会失去光泽，在镧系元素中，它更具惰性。

铒

在干燥的空气中，铒会慢慢失去光泽。铒以形成粉红色的化合物而知名。它用于制造荧光磷光体和玻璃，并用作光纤中的掺杂剂，能够通过激光作用放大光脉冲。海底电缆和其他长距离光纤链路中使用掺铒光纤，铒在其中充当中继器和放大器。铒玻璃也被用于摄影滤光片以及制作太阳镜。和其他镧系元素一样，铒用于核反应堆控制棒、激光器和高科技合金。

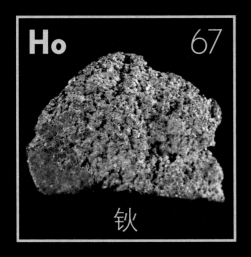

Ho 67

钬

纯钬金属的多晶表面。

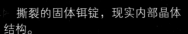

撕裂的固体铒锭，现实内部晶体结构。

Er 68

铒

铥

镱

除人造元素钷之外，作为最后一个拥有奇数质子的镧系元素，铥的丰度最低。它会在干燥的空气中缓慢氧化，这和其他的重镧系元素一样；在极低温时转变为永磁体，在室温下，则要依靠外部磁场表现磁性。铥稀少且昂贵。它用途不多，因为有更廉价的镧系元素替代它。

镱，镧系元素中的最后一个，它也会在空气中慢慢氧化，不过，它更容易燃烧。它可以和冷水反应——当然在热水中更快——形成氢氧化镱。镱同样用于激光器、光纤和玻璃中，这一点与多数镧系元素相似，其特别的用处包括增加不锈钢的强度和制造应变计（当镱处于高压时，其电阻增大）。

纯铥的枝状晶体。

Tm 69

铥

Yb 70

镱

看起来像是真空蒸馏法所制的高纯镱，也许来自中国。

锕系元素

锕系元素就在镧系元素的下一行。该系元素彼此也拥有相似的性质，起始于元素锕，因此得名。虽然锕系元素和镧系元素有诸多相似之处，但锕系元素彼此分离纯化并不太难，欲知详情，请阅读附录10。

锕系元素毫无疑问地具有金属性质，会在空气中失去它们光泽的银白色。与镧系元素相似，刮一块锕系金属会火花四溅。如果锕系元素的粉末暴露在空气中，就会爆出火焰。最硬的锕系元素是钍，有点像比较软的铁，初次受热后，能碾压成片状或拉成线。

所有原子序数大于铋的元素都有放射性，这囊括了所有锕系元素，这就让它们引人关注。钆和钇

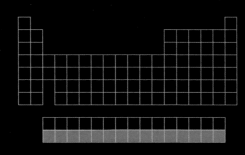

你可能不熟悉，但使用在原子弹上的铀和钚则声名狼藉。锶和钴，因其放射性同位素是辐射尘中的成分而扬名，而不是因为它们更有用的稳定同位素。

锕系元素中丰度最高的是钍，地壳中每百万原子中就有6个是钍原子。而下一个同样含有偶数个质子的铀，丰度降低到钍的1/3（大约每百万原子中只有1.8个铀原子）。其他锕系元素几乎不存在，除了镤，其丰度为每10兆原子中约有1个（偶数序号的锕系元素的特殊性，参见附录10——简单的锕系元素）。

本部分周期表中最有趣的模式不是化学而是核能。比铀序号更大的元素，称为人造元素。因为这些元素大多是人造的，而不是来自于天然存在的铀和钍的放射性衰变，或来自于宇宙射线轰击产生。锕系

Ac 89

锕

Th 90

钍

Pa 91

镤

U 92

铀

Np 93

镎

元素的半衰期按原子序号的奇偶发生规律性的长短更替，从锕到钍变长，然后均匀地下降到锘。其中半衰期最短的不足3小时。

我们已制造的钚比其他任何元素都多，当然，在制造钚的时候，也产生了许多其他元素，但我们的目的可不是为了得到那些元素，我们仅仅是发现它们就该待在那儿。通过核反应堆获得钚，然后从燃料棒上把它提取出来，主要用途是制造原子弹或更多的核反应堆，以及时髦的放射性同位素热电发生器（译者注：即核电池）这种小设备。核电池中有热电偶阵列，当它被放射性同位素加热时，就能产生电流，如钚238、锔244、钴60、锶90或钋210。它被用在电池寿命至关紧要的地方，如安装在偏远地区的北极灯塔、航天器和植入式心脏起搏器中。

钚

镅

锔

锫

锎

由于该核反应堆燃料颗粒包含铀，含丰富的铀235，如果没有许可，拥有它就是非法的。

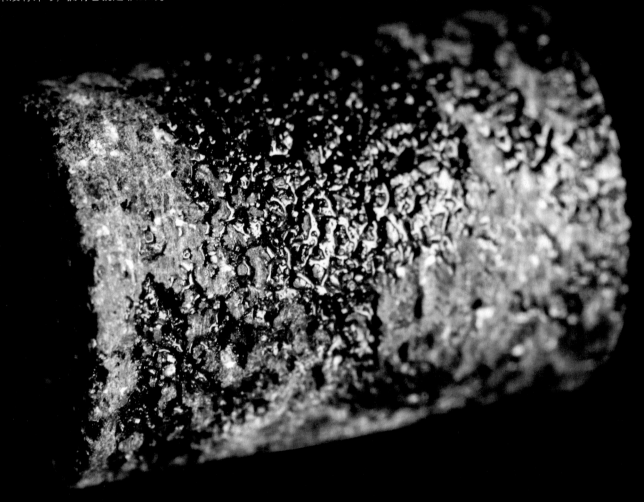

Es 99 镓

Fm 100 镄

Md 101 钔

No 102 锘

Lr 103 铹

钍

用引弧法制得的穿孔纯钍箔。

Th 90

钍

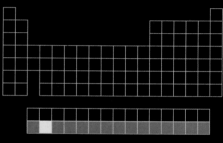

钍是含量最丰富的放射性元素。在地壳中，它的储量是锡或铀的3倍。一般不会特地开采钍，稀土矿石中常含有钍，可从稀土中萃取提炼它。类似于镧系元素，钍也容易起火花。它在空气中燃烧产生与镁相似的明亮白光。

氧化钍过去被添加到瓦斯灯罩中，如同钙用于石灰灯，当氧化钍受热时，就会发出白光。白光与放射性无关，它仅仅因为氧化钍变得炽热而产生。

钍的液态温度范围在所有元素中最为宽广。它的熔点和沸点之间相差3 000摄氏度。在所有氧化物中，二氧化钍的熔点最高。

钍慢慢发射阿尔法粒子（氦核）进行衰变，这是最容易屏蔽的辐射粒子，只需一张纸就能阻挡。因此尽管它自身就有放射性，但对其他放射源而言，钍是相当不错的屏障材料。虽然铅和贫化铀在防辐射上更常见，但那只是因为它们更便宜。

对于元素收藏者，获得钍元素最简单的方式来自钍钨电极电弧焊条。钍进一步提高了钨的高熔点，并能稳定电弧。焊条含有1%或2%钍，这取决于标签上的标注。它们让我的盖革计数器十分兴奋（译者注：因为钍具有放射性）。曾经更容易获得钍的来源是科尔曼灯笼灯罩，但它们现在已经用镧系元素代替了钍，因为让盖革计数器兴奋的事情会让人们心生畏惧。

能使用镧系元素的许多设备，例如，高折射率低色散玻璃、耐热陶瓷和碳弧灯等，都能使用钍。加钍的镁合金，强度和耐高温特性都被提高了，这种合金通常用于制造导弹。

但是，钍的真正用途是制造核反应堆，钍反应堆的优点比铀反应堆多得多。钍不需要富集就是很好的反应堆燃料。钍矿石不少，遍布世界各地。熔盐钍反应堆不会熔化，不需要紧急冷却系统，比今天的铀反应堆产生的放射性废物少，甚至可以"燃烧"铀反应堆产生的废料，当前，这些废料不得不找个地方埋起来。

钍反应堆不需要安全壳，还可以做得很小，为当地社区服务。有专家称，8汤匙钍产生的所有电力够一个典型的美国人用一辈子。

钍反应堆燃料的放射性废物仅需经过300年，其放射性就会比铀矿石还要低。而来自铀和钚的反应堆废料，动辄需要几十万年才具有安全性，钍废料显然更易于储存和处理。

鉴于以上好处，我们为什么建立了数百个铀反应堆，却连一个钍反应堆都没有？愤世嫉俗者说，这是因为我们需要铀反应堆来生产钚弹。

20世纪二三十年代，在放射保健的狂热中，人们认为辐射实际上有好处。Radithor是最大的放射水品牌，水中含不少镭和钍。

含氧化钍的古董灯笼灯罩，当用气体加热时，它会发出美丽的光芒。

铀

古罗马人使用铀的化合物作陶瓷釉料，玻璃和釉料的黄色来自于铀。现在，铀因为原子弹和核反应堆而闻名。但这仅是铀的罕见同位素铀235的功能，而开采出的铀中超过99%的铀是非裂变的铀238，这个区别很重要。经铀235萃取后的产物（称为贫铀）没有民用用途。贫铀用于制造可穿甲的子弹和炮弹，因为它密度大，并且当它击中装甲的时候能燃烧（所有的锕系元素都能自燃），而且因为军队中已经有不少贫铀弹，所以贫铀被继续用在此用途上（译者注：前文中曾提及钨比贫铀好）。

大多数天然存在的铀会缓慢地衰变成钍，并释放阿尔法粒子。这是放射性衰变长链的起始，每一个衰变的原子要么释放1个阿尔法粒子，在

周期表中退2格；要么释放1个贝塔粒子，在周期表中进一格。这是因为中子衰变为质子，并保留在原子核中。

这种衰变被称为铀系或镭系，需要25万年才能最终完成。另一种类型的衰变是锕系，共经历11种不同的元素，从铀到铅，大约需要33 000年。铀和钚制造的原子弹或反应堆中发生的就是这种衰变。

钍系是第3种类型的衰变。在此类中，钍衰变为镭，最终转变为铅。此类衰变完成的时间少于8年，这意味着一个钍核燃料循环产生的放射性废物更容易处理。

镎系衰变从镎到铋，经过11种元素。铋的稳定性，导致其从铋到铊的衰变时间超过宇宙的年龄。因此，该系衰变的最终结果就是到铋。

公司拥有纯金属铀是完全合法的，不超过**15**磅（**6.8**千克）就行。还有一些公司把铀卖给元素收藏家，这**30**克铀就来自一个这样的公司。

U 92

铀

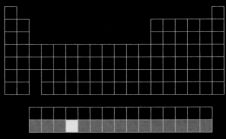

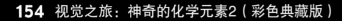

20世纪50年代的一管铀矿，包含在一个古老的"原子能"装备中，其中还含有镭。

玛丽·居里从沥青铀矿提取镭的过程中，首先提取到的是铀。她从500吨矿石中提取到1克镭以及数吨没什么用途的铀。市场对镭的高需求使得副产品铀非常廉价。铀被用于制造黄色玻璃和各种釉料，用于便宜的陶器和瓷砖上。

现在的情况恰恰相反：镭不再广泛用在各种商品中，而是成为铀浓缩核燃料生产过程中的副产品。

用于核裂变的铀235在天然铀中的含量仅千分之七。裂变型原子弹中的铀235，其含量至少要达到85%。多数铀235核反应堆要启动也需其含量达到3%~5%的富集度。某些反应堆可直接用天然铀，不需要富集铀235。

富集铀有几种常见方法。投在广岛上的那颗原子弹中的大部分铀来自按比例放大的实验室仪器——质谱仪，但发现气体扩散法后，质谱仪法就被迅速淘汰了。

稍微加热六氟化铀，它就会转变为气体。轻一点的气体扩散过膜的时间会比重的气体快一些，由于待分离的铀的两种同位素在重量上仅有1%的差别，因此需要多次重复扩散过程，以提高铀235的比例。另一种方法是热扩散，重的气体会迁移向冷表面，轻的则会迁移到热表面。第4种方法是使用气体离心机，旋转气缸，更重的气体分子移动到外层，而较轻的

则汇聚到中心，这种方法的效率比以前的方法要高。目前，正在设计中的还有各种激光浓缩技术，调谐激光的波长，使其能恰好分裂或电离轻的铀235分子，同时不影响较重的铀238分子。浓缩铀235的方法还有很多，但这些是目前应用最广、效率最高的方法。

一般来说，新技术的发展通常是好事，但对于铀235的浓缩而言，我们真诚地希望，任何人都不要去发明一种既简单又廉价的分离方法。否则，它会极大地增加恐怖分子制造一颗能爆炸的原子弹的概率。因为，只要你有足够多的铀235，制造原子弹就非常容易。

▶ 绿色铀"凡士林"玻璃杯有收藏价值，其具有中度放射性。

钚

第一颗试爆的原子弹和第二颗轰炸城市的原子弹都是用钚制造的。尽管制造钚原子弹比铀原子弹更难，但铀235的分离实在太困难，尽管为此建立了多个小城镇般大的工厂。到1945年，浓缩的铀235仅仅够制造一颗原子弹，因此制造钚原子弹是必要的。让人预料不到的是，第一颗铀原子弹爆炸时，只有1%的铀参与了裂变，其余的都在爆炸中被分散，成为了辐射尘。

自然界中自发产生的钚极少。所有使用的钚都是人造的，在核反应堆中用中子轰击铀就能得到钚。在钚中，处于f层的电子恰好在原子彼此间的边缘，像金属中到处漫游的电子，这使得钚成为一种非常奇怪的元素。和金属相比，它的导热和导电性能不良，温度和压力的微小改变就会让钚原子的空间位置重排，形成不同的晶体结构以及密度。这会难倒车库技工，如果他们想用钚造机器的话。此外，与众多镧系和锕系元素一样，钚会自燃，刮擦就会冒火花，其粉末暴露在空气中就会燃烧。

要得到钚239，需要铀238俘获入射的中子，然后中子衰变成质子和电子（贝塔粒子）转变为镎239，镎239的中子按前述模式衰变产生钚239。钚239能吸收一个中子转变为钚240，这种同位素让原子弹设计者大为头痛。

裂变指原子核的分裂，钚可以自发裂变或经诱导而裂变（当中子击中原子时）。同位素越重越容易

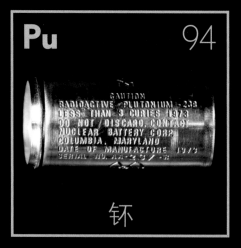

Pu 94

钚

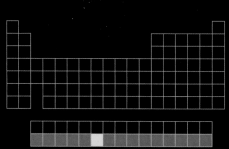

从前，钚电池曾用于起搏器中，当前，它可能还待在一些人体内。幸好，这个钚起搏器电池是空的，否则如果里面有钚电池，那只要它不是在身体中，拥有它就是犯罪。

自发裂变，这是个麻烦，可能会使原子弹提前爆炸，把你自己毁灭。武器级钚要求比钚239更重的同位素含量不超过7%，而核反应堆的要求则宽松得多。

由于更重的同位素难以控制，后来的大炮用核武器，使用铀而不是钚。钚原子弹太复杂，要通过完美的球形内爆，在精确的时间上，把排列在球形空间中的钚挤压到一起然后爆炸。浓缩铀技术上的困难导致核武器生产速度减缓。

像钚这样的放射性元素，放出辐射的同时会产热，一些同位素产热能力比另一些多。核武器中的同位素大约每千克产热2瓦，这对武器设计者而言是件幸事，否则就不得不从导弹发射井中移除大量的热。但并非如你所想的那样，热对核武器中的高爆性炸药其实不是问题。下一个更轻的同位素，每千克产热560瓦，可用于制造放射性同位素热电发生器。

以上谈论的是来自自发裂变的热。在诱导裂变中，如原子弹爆炸或核反应堆中，可裂变物质的产热随你心意。

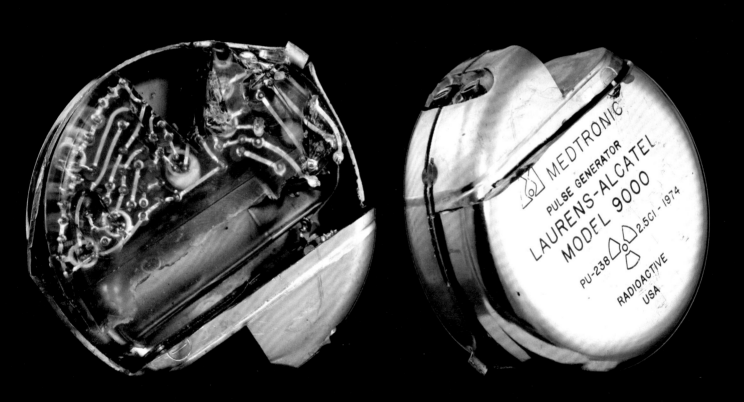

起搏器的外观和与钚热电电池配套的内里。

锕

锕是锕系元素中的第一个，也是第一个已知的天然放射性元素。但在地球形成时，本没有锕。锕来自于铀的衰变，比铀矿还稀少。每5亿个铀矿原子中，只有1个是锕。

锕没什么用处，主要用于肿瘤的放射性治疗，从锕系和镧系中分离锕非常困难，因此，在核反应堆中制造，当中子击中镭时，可产生锕。

锕极具放射性，比镭或镉每秒产生的阿尔法粒子要多。只需让锕释放的阿尔法粒子撞击铍，锕就可用作中子源。一个铍原子因此变成碳原子并同时释放一个中子。中子的速度和方向与阿尔法粒子一致，研究人员因此可制造中子束。用别的方法得到中子束非常困难，中子之所以被称为中子，就因为它是电中性的，这意味着电磁场无法让它聚焦。

Ac 89
锕

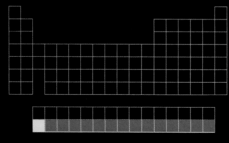

维卡石矿石样品，$(Ca,Ce,La,Th)_5As(AsNa)FeSi_6Be_4O_{40}F_7$，也许现在恰好没有锕，但稍等一会儿，就可能有**1**个或**2**个原子的锕。

镤

镎

镤是另一种稀有的、来自铀的放射性衰变产物。它衰变为锕，这从它的名字就反映出来了，其名字的意思是"前锕"。它也是德米特里·门捷列夫预言过必定存在的元素。镤位于钍和铀之间，属性也介于钍和铀之间，具有奇数序号。它比这两种元素的丰度低，因为奇数序号的放射性元素衰变得更快。它存在于土壤中，既有毒又有放射性，幸运的是含量仅万亿分之一。

镎是所谓超铀元素中的第一种人造元素。在铀矿中存在微量的镎，虽然如此，镎实际上并不是在自然界中发现的，直到使用慢中子撞击铀产生出镎的多年后，才发现它的影踪。现在，镎从已无产能价值的核燃料棒中提取。

你房间中就可能会有一些镎。镅元素被使用在烟雾探测器中，它会缓慢地衰变成镎，3%的镅在19年后，衰变成镎。

镎产生钚238，可用于放射性同位素热电发生器。这两种元素都能在废弃的燃料棒中找到，但分离镎比从各种钚同位素中分离钚238要容易得多。因此，把纯化的镎放到反应堆中吸收中子，把它转变为更重的同位素，然后等待它衰变为纯的钚238。

和钚一样，镎也能裂解，虽然目前尚无镎原子弹，但它可以用来制造核武器。

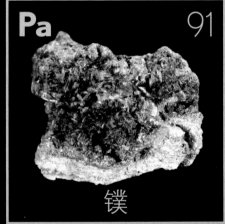

Pa 91

镤

铜铀云母，一种漂亮的绿色铂矿。任意时刻，这块矿石中都可能含有一些镤原子。

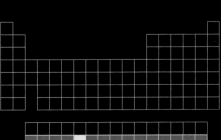

易解石矿石样本(Y，Ca，Fe，Th)(Ti，Nv)$_2$ (O，OH)$_6$，任意时刻，都可能包含几个镎原子，来自于复杂的铀衰变链条。

Np 93

镎

人造元素

剩下的锕系元素全是人造元素，来自于核反应堆或粒子加速器。

镅广泛用于烟雾探测器，是人造元素中唯一用于民用的元素。此前，在胶卷和乙烯基唱片流行的时候，还有钋制造的抗静电刷子，如今，只留下镅独在凡尘。镅衰变成镎，同时释放阿尔法粒子，这种粒子能形成一束，瞄准铍，就能产生出一束中子。在临床和实验室中，镅可用于获得可靠的中子源，以及在荧光光谱学中作为伽马射线源。

锔来自阿尔法粒子对钚的撞击。它放射性极强，辐射阿尔法粒子以及中子和伽马射线，这意味着锔的任何应用都需要一层厚厚的屏蔽。锔的费用加上所需的屏障，限制了它的实际用途。在火星漫游者机器中使用了少量的锔，用于阿尔法粒子X射线分光光度仪。

锔一直用于制造更重的元素。在一个典型的过程中，10克锔经过辐射，生成几十毫克的锫、毫克级或更少的锎及锿，以及皮克级的镄。美国田纳西州的橡树岭反应堆自1967年以来运行至今，只得到刚刚超过1克的锎，这些元素都没有实用价值。

在美国加利福尼亚州的回旋加速器中，元素钔首先被确认，该元素在加速器中仅生产出17个原子，它的半衰期是一个半小时。

最后一个锕系元素是锘，用碳原子核轰击锔获得，半衰期仅3秒。后来生成的锘的其他同位素中，有一种半衰期接近1小时。

有些过渡元素比锕系元素更重，它们的名字是铹、𬬻、𬭊、𬭛、𬭶、鿏、𫟼、𬭳、𬬭、鿫。此后发现的新元素，即序号113到118的元素，尚无官方命名。

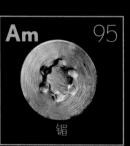

Am 95

镅

Cm 96

锔

Bk 97

锫

Cf 98

锎

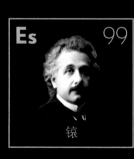

Es 99

锿

▷ 印有玛丽·居里头像的经典波兰邮票。

镧和镥相似，有时候会被当作锕系元素的一员，即便它有一个已填充完的f电子壳层。这些元素究竟是过渡金属还是普通金属，尚无答案。一些理论计算表明，正在填充p电子层的元素应属于普通金属，填充d层的则是过渡金属。但由于这些元素无法使用，因此也就无关紧要了。

完全可能存在超过118号的元素，科学家正努力把它们创造出来。计算指出，120号或122号元素可

能拥有不同寻常的长半衰期，谁知道呢，也许长达1秒钟吧。元素的种类存在上限吗？从某些方面看，没有上限：把任意数量的中子和质子放进原子核中，并称它为元素，这种想象是可能的，比如237号元素。令人难以置信的是，在创造远比已获得的元素更重的新元素一事上，居然没有理论上的界限。但是对于实际上制造一种元素而言，即完整的电子围绕着原子核旋转的那种，

这里有个有趣的实用界限。在173号元素左右，原子核对内层电子的吸引力就会强大到会破坏原子的时空结构，在电子和原子核之间的真空中自发地产生出正负电子对。这对原子的完整性来说可能不是好事。

Fm 100	Md 101	No 102	Lr 103
镄	钔	锘	铹

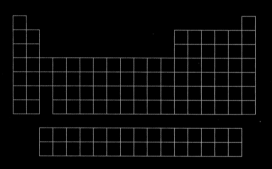

附录

附录1　壳层

周期表的形状和构成元素的原子有关，具体地说，则是和原子中的电子有关。电子占据特定原子中特定的位置，而位置又和电子的能级关系密切。电子依次从低能级向高能级填充。

电子有一种被称为自旋的特性，要么上要么下。2个自旋相反的电子可以填充到同样的能量位中。

能量位有不同的形状，第一种是简单的球形。接下来的是3个像成对的球挤在一起的形状。这3种形状彼此间都是直角关系，因此这些球看起来像是位于三维坐标的x、y、z轴上。

正是能量位的形状才让不同的化学元素拥有丰富的化学行为。碱金属和碱土金属成键使用的是球状能级中的电子（图中用s表示），形成的是离子键和金属键。离子键是指电子离开原子加入到其他原子中去，而金属键则是自由电子海洋中的电子围绕在一大群原子周围。

构成共价键的电子来自接下来的3个能级（图中用p表示），这种键比离子键和金属键更强壮。在共价键中，每个原子中的电子彼此共享某一个能量位，因此两个不同的原子的能量位就会彼此重叠。

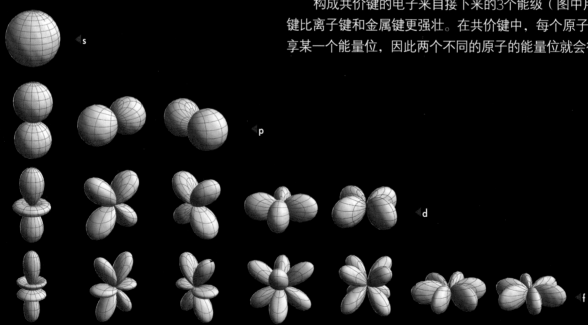

s

p

d

f

上述就能完美地解释周期表中的前20种元素，直到遇到第21种元素——钪。从钪开始，电子离原子核更远，有更多的空间形成更复杂的形状。接下来遇到的形状（图中用d表示），看起来像2个气球通过轮胎中间的洞连在一起。

接下来的形状既复杂又漂亮。这是过渡金属的区域，这些复杂的形状允许电子以多种方式成键。这正是过渡金属拥有多种多样用途的原因。

最后一个能级（图中用f表示）满是更加复杂的形状（离原子核越远，空间就越大），镧系和锕系元素用这些能级中的电子成键。

当能级填满，外层电子（也就是构成化学键的电子）就会落入形状不同的能级，元素的不同行为就来自于此。

各壳层的名字（s、p、d、f），来源于元素们的光谱在光谱图上的谱线特征。按顺序，它们的特征依次为锐线（sharp）、主线（principal）、漫线（diffuse）和基线（fundamental）。元素因此进入不同的区块中，左端的两列元素是s区，右端大的长方形是p区，d区则是过渡金属，f区是镧系和锕系元素。

H 1s																	He 1s
Li	Be ← 2s →											B	C	N	O	F	Ne ← 2p →
Na	Mg ← 3s →											Al	Si	P	S	Cl	Ar ← 3p →
K	Ca ← 4s →	Sc	Ti	V	Cr	Mn	Fe ← 3d →	Co	Ni	Cu	Zn	Ga	Ge	As	Se	Br	Kr ← 4p →
Rb	Sr ← 5s →	Y	Zr	Nb	Mo	Tc	Ru ← 4d →	Rh	Pd	Ag	Cd	In	Sn	Sb	Te	I	Xe ← 5p →
Cs	Ba ← 6s →	La	Hf	Ta	W	Re	Os ← 5d →	Ir	Pt	Au	Hg	Tl	Pb	Bi	Po	At	Rn ← 6p →
Fr	Ra ← 7s →	Ac	Rf	Db	Sg	Bh	Hs ← 6d →	Mt	Ds	Rg	Cn	Nh	Fl	Mc	Lv	Ts	Og ← 7p →

Ce	Pr	Nd	Pm	Sm	Eu	Gd	Tb ← 4f →	Dy	Ho	Er	Tm	Yb	Lu
Th	Pa	U	Np	Pu	Am	Cm	Bk ← 5f →	Cf	Es	Fm	Md	No	Lr

附录2　氦应该放在哪儿呢

让我们想想最初的几个元素该怎么放。氢只有1个电子，该电子位于可以放2个电子的壳层。因此，我们认为氢的外层（也是仅有的1层）要么有1个电子，要么失去1个电子。此前的观点认为，应把氢放到碱金属列（通常也的确是这样），后来则认为应把它放到卤素列（氟氯等所在的那列），氢似乎放到两列都很合适。

外层电子填满使得原子的活性大幅度降低。氦通常放到周期表的右末端，与填满外层电子的元素成一组。氦有2个电子，它们填入仅有的1层中。氦原子核中带正电的质子把带负电的电子牢牢地吸引在身边，其他原子几乎不可能把氦原子的电子拉走。氦和所有物质都不反应。

但是，对右末端的其他惰性气体而言，填满外层需要8个电子，而不是2个。因此，对于只有2个外层电子的氦，似乎应该把它放到周期表第2列的顶端。要想知道为什么，让我们先看看元素锂。

位于氦之后的锂是碱金属元素，锂的第1层电子满员，因此它的第3个电子必须进入离原子核远一点的第2壳层中去。内层的2个带负电的电子，排斥第3个电子。因此，别的原子能比较容易地把它拉走，去形成化合物，锂是活泼的。

锂很乐意把它的外层电子交给对电子更加饥饿的原子，比如氟。这就形成了离子键：失去电子的锂带上正电，而得到电子的氟带上负电，正负电荷相互吸引，因此锂和氟的原子们就会彼此混成一堆。

紧接着的是碱土金属元素铍，它有4个质子吸引4个电子。外层的2个电子被额外的质子吸引住，导致铍原子的大小只有锂原子的2/3大。铍紧紧地抓住它的外层电子，它不会失去电子。最多它只会分享电子，形成一个极强的共价键，比锂形成的离子键强壮得多。

　　如此一来，在第2列就有压根不反应的氦，而紧随的铍则会牢牢地抓住电子，只有很少的反应活性，并且只形成共价键。该列的下一个元素是镁。

　　对于镁来说，它有3个电子层，内层有2个电子、中层有8个电子，以及第3层有2个电子，中层的8个电子让它的表现和铍大为不同。它们是原子核和外层电子之间的屏障，并把外层电子往外推，导致镁原子的大小位于活泼的锂和不那么活泼的铍之间。镁会失去它所有的外层电子，把它们全部交给氟，形成二氟化镁（MgF_2）。

　　因此，如果把氦放到碱土金属的顶端，我们就能看到这样的规律：从没有反应活性的2个外层电子开始，顺着该列往下走，伴随着外层的2个电子离原子核越来越远，反应活性越来越强。镁下面的钙，其大小已经超过了锂，比锂活泼，只不过钙的外层电子被2个未被"屏蔽"的质子吸引，而不像锂的外层电子只被1个未被"屏蔽"的质子吸引。

附录3 过渡金属的磁学性质

磁性来源于带电粒子的自旋。原子的各电子壳层如果都充满了，那它们的电子就全都成对存在，且自旋方向相反。配对的电子会抵消磁效应，只有那些拥有未配对电子的元素才会和磁场相互作用。过渡金属的d电子亚层中的未配对电子让它们拥有磁学性质。

多数过渡金属元素被磁体吸引（它们具有顺磁性）。某些过渡金属，如铁、钴、镍，能形成永磁体，这些元素有铁磁性。其他过渡金属，如金、银、铜、锌、镉、汞，具有反磁性，即它们会排斥磁体，这是因为d电子亚层中的所有电子都配对了（译者注：如铜的电子排布是$3d^{10} \cdot 4s^1$）。

过渡金属铬有反铁磁性。铬元素中的未配对电子，在进入磁场之前就不是随机取向而是交替取向：在一个原子中的自旋朝上，那在下一个原子中的则会朝下。除非金属铬被加热到让电子取向随机化的特征温度之上，此时铬是顺磁性的，和它的邻居们一样。

铁磁性金属

构成永磁体的常见元素是铁、钴、镍。其未配对的电子的自旋排列在同一个方向上，因此它们的磁性会相互叠加而不是抵消。多数其他元素和化合物中的未配对电子的自旋方向是交错的，这就是磁性抵消的原因。

其他元素，如钆和镝，具有铁磁性；在极低温度下，气态锂是磁体。与其他元素相比，铁、钴、镍能在更高的温度中保住磁性。

这3种元素的化合物有更好的磁性，例如铝镍钴合金磁铁、钐钴磁铁、钕铁硼磁铁，以及名为铁氧体的陶瓷材料，它含有铁钴镍的氧化物。铁氧体是非常方便的电子产品，它们提供不导电的磁芯，可用于调幅无线电天线线圈。

附录4 爱因斯坦做了什么

汞在周期表中位于金和铊元素的中间，但与它的左邻右舍不同，汞是液态金属，这到底是怎么回事？

汞的2个外层电子位于s亚层，该亚层只能容纳2个电子，因此汞的电子外层已经饱和了。

金元素的外层只有1个电子，因此处于半饱和状态。通过重叠它们的s亚层，2个金原子能分享它们的外层电子，这样它们彼此的s亚层就都饱和了。而分享电子在金原子间构成了一个强键，让金保持在固体状态。

铊元素多了1个外层电子，该电子远离原子核的程度甚至超过了金和汞中的状况。这个孤单的电子可用于构成化学键，因此铊也是固体。

汞的2个外层电子当然也能构成化学键，把它转变为固体，只有一件事除外：周期表中越靠下的元素，其原子核中的质子越多，增加的质子提供的额外吸引力导致所有电子运动速度加快，尤其是内层电子。汞在周期表中，位于稳定性元素（非放射性元素）的最低所在行，电子运动的速度极快，其和光速间的比例已经达到不能忽略的程度。

阿尔伯特·爱因斯坦发现，物质的移动速度越接近光速，就会变得越重。较重的电子不会像轻一些的电子那样，远离原子核。因此，汞比起它正上方的镉，它把这两个外层电子抓得更牢，更难分享，不容易形成化学键。汞中的原子彼此间形成的化学键比它的邻居们更弱，这就是汞是液体的缘故。

这是用了爱因斯坦的狭义相对论来解释液态汞的成因。与此类似，相对论性收缩效应解释了金、银和铯元素的颜色。内层电子吸收光后会从内层移动到外层，这是物质有颜色的原因。电子移动需要吸收的能量越多，光就越蓝。大多数金属所吸收的光位于人类的视觉范围之外，换句话说就是不吸收可见光，因此它们对可见光的反射性能良好，呈现出白色、银色和灰色。但铜吸收蓝光，因此看起来是红色的。

银强烈地吸收近紫外线，刚刚超过人类的视觉范围。蜜蜂能看到紫外线，在它眼中，银可能是颜色最红的金属。但如果没有电子层的相对性收缩，即便蜜蜂眼中的银也是银白色的。在金元素中，该效应表现得更加明显。金对光的吸收进入到可见光区，从紫光光区一直到绿光，都被金吸收。因此，金反射的蓝和紫远远少于其他色光，在人类的视觉中，它就呈现出黄色。

除去一个电子有多难?

←越来越容易   越来越难→

金属的外层电子自由地漂浮在原子周围而不与其粘附,让金属拥有了独特的属性。换句话说,某种元素的原子紧紧地抓住它们的电子,让它们不能在一大团物质中自由地漂浮在周围,那它就没有金属性。

从一个原子中夺走一个电子的难易程度,既取决于原子核中的质子数目(它们会吸引住电子),也取决于外层电子离原子核的远近,当然也和外层电子与吸引它们的质子间存在多少有屏蔽作用的内层电子大有关系。

周期表左下方的元素，外层电子离原子核越远，也就越容易失去电子，这些元素的金属性非常强。

其对应的角落是氦、氖和氟，它们的外层电子靠近原子核，因此被紧紧地吸引住，这些元素完全没有金属性。在这两种极端之间存在一个模式：周期表从左到右，从下到上，元素的金属性越来越少。

影响电子得失的因素不止一种。电子以成对的形式充满亚层，成对的电子彼此间会有一点点排斥，这使得从成对的电子中移走一个，比每个能量槽中都只有一个电子时要容易一些。这个效应比其他效应的影响要小一些，但它解释了图的顶部分成多块，而图的底部则是平滑过渡的现象。

在图的上部，你会注意到另一件事，每一个大一点的矩形块中的元素，都有同样的模式。每一块中的元素，位于左下角的金属性强，位于右上角的金属性弱，其缘由可参见附录1——壳层。

外层电子离原子核有多远？

←近　　　　　　　　　　　　　　　　　远→

附录6　液态金属

汞因在室温下处于液态而知名。不幸的是，它有极强的神经毒性。当朋友们谈到小时候玩汞的趣事时，我会说："呀，想想你会有多聪明吧，如果你没有……"

镓可作为液态金属的替代品。镓在一般的室温下不是液态，但炎热的夏天（29.76摄氏度）可以把它变成液态金属，或者你用手长时间握住它也行。

还记得，用铅和锡作焊接剂吧？铅锡合金的熔点比铅或锡都低。可以用无毒的元素得到同样的效果，比如镓和铟。

把镓和铟按3∶1混合，这种镓铟合金在普通室温下就呈现液态。只需简单地用手指把一根镓条按在一根铟条上，在这两种金属的接触点上就会产生一滴液态金属。

加一点锡，会让合金的熔点进一步降低。GaInStan合金就是镓铟和锡的混合物，其比例是68.5%∶21.5%∶10%，熔点为-19摄氏度。

用盐可以融冰化雪，两者在零下1摄氏度的时候都是固体，但同温度下两者的结合就变成了液体。冰雪中的水分子被盐中的钠和氯离子吸引，水分子间的吸引力不足以进行对抗。同时，水中的钠和氯离子的吸引力也比它们在固体状态时更强。

附录7　键

是什么让原子彼此间粘着在一起？

电子粘着在原子上，是因为原子核中的质子带正电。电子和质子有相反的电荷，而异性电荷会相互吸引，因此电子会尽可能地靠近原子核。

但靠近原子核的地方只有少量的空位，其中靠得最近的能级，只能容纳2个电子，之后的电子就只能放到第2层。这一层可以放8个电子，离原子核越远，能容纳的电子轨道就越多。

从某种程度上来说，原子们是如何粘着在一起的，这事十分简单。以餐桌上常见的食盐为例。食盐中的钠原子，第1层以及第2层的8个位置全都装满了电子，剩下的那个电子只好待在第3层（$3s^1$），这个电子被内层的所有电子屏蔽，因此它被原子核吸引的程度较低。

氯比钠多6个电子，总共有7个外层电子，填到第3层的8个位置上（$3s^2 \cdot 3p^5$），其原子核中也比钠多了6个质子，强劲地吸引着外层的所有7个电子。因为这额外的吸引力，它们全都紧紧地粘着在轨道上。

如果1个钠原子靠近氯原子，它那个散漫游荡的外层电子可以进入氯原子的第3层电子轨道中，然后被氯原子多出来的质子吸引并抓住。

因此，钠原子就带上正电，而氯原子则带上负电。这2个原子因此彼此聚集在一起，因拥有相反的电荷而互相吸引，十分简单。

这种既简单又强烈的吸引被称作离子键。得失电子的原子现在被称作离子。

但又是什么原因让2个钠原子彼此粘着在一起呢？

钠的外层电子位于只能容纳2个电子的壳层上（s层）。当2个钠原子彼此靠近时，2个s层彼此重叠，外层电子就能容易地在原子间移动。现在，假设一下，如果2个钠原子中有1个是来自食盐分子中的钠原子的情况。

从第1个钠原子中吸走电子，它就带上正电。通过分享电子，2个钠原子让它们的顶层电子轨道重叠，就能聚集在一起。2个带正电的钠离子吸引着相同的电子，通过这种方式，它们粘着在一起。

如果继续增加钠原子，它们就会继续分享它们的顶层电子。把它们分开的难度，和把一个电子从钠原子中夺走的难度一样大，原子们因此聚集在一起。所有这些重叠的顶层电子轨道（最外层电子轨道），允许金属原子中的外层电子在原子间周而复始地游荡。这种性质让它们可以导电。如果周围的原子开始移动，它们就会流向原子，这里说的是用一把铁锤把金属敲扁。

这种灵活的吸引方式就被称作金属键。

那又是什么因素，让非金属元素如碳，形成了超级坚硬的钻石？碳的顶层轨道上只有4个电子，还有4个位置是空的。2个碳原子聚集在一起分享它们的顶层轨道，如此两个原子核都"看见"每个位置上都有一个电子。把2个碳原子分开，就和尝试同时夺走每1个原子的4个电子的情况一样。这些电子可不像钠中的电子那样远离原子核，每1个电子都被原子核中未被屏蔽的质子紧紧地吸引着。

这就形成了强有力的共价键。

如果一个原子的顶层轨道装满了电子会怎么样，如氦、氖、氩中？是什么让氦中的原子粘着在一起形成了液态的氦？

电子总是在运动之中，因此电子有时候在原子的一侧，有时候在另一侧，这就导致原子总有一侧带正电，另一侧带负电。氦原子彼此间就依靠这种相反的带电情况相互吸引，然而，这是一种非常弱的键（译者注：因为电子运动得很快，因此带电的情况就变来变去）。同时，这就是为什么只需要极低的热能就能把聚集在一起的氦原子撞得四散而去。

附录8　原子有多大

原子半径的测量单位是皮米。1皮米是一万亿分之一米。测量原子大小，使用米作为单位的确不合适，毫米也不成，比毫米小十亿倍的皮米，看起来比较合适。常听说的极其微小的事物，如碳纳米管，其单位纳米，也是皮米的1000倍之多。

最小的原子是氦，其直径仅62皮米。最大的原子是铯，其直径是596皮米或0.596纳米，几乎是氦原子的10倍。不讨论这些极端大小的元素，从氖到钫其直径范围是76～530皮米，这个范围大约在7倍左右变化。

但从最小到最大的原子大小的范围，难道不该有更大的波动范围吗？

氢原子的电子距离原子核50皮米。而从氢到铀元素时，电子已经排布到第7层电子轨道中。如果每一层离前一层的距离都是50皮米，那铀原子的最外层电子离原子核的距离应该是350皮米，它的直径大约是700皮米。但实际上，铀元素的直径仅为上述推算的一半而已。

到底发生了什么导致这种现象？首先，从氢到氦，直径从106皮米下降到62皮米。这是因为氦原子核中新增的质子，同时把2个电子吸引到更靠近原子核的位置。那到第3种元素锂时，又会发生什么呢？原子会进一步变小吗？

答案是不会。从氦到锂，锂原子直径反倒跳跃性增大到334皮米，增加了272皮米。锂的直径是氢原子的3倍多。

这是由于，锂的电子开始进入第2层轨道。因第1层到氦元素时已被装满。实际上，锂的最外层电子并不能真的"看到"3个质子。在它和原子核之间存在的2个电子对它的排斥力，恰好完全抵消了2个质子对它的吸引力。

第2层电子轨道能容纳8个电子。随着原子中质子的增加，元素按锂、铍、硼、碳、氮、氧、氟、氖依次变化，第2层电子所受到的吸引力，伴随着质子的增加，仅轻微增长，直径也因此轻微缩小。

继续增加质子，就到达钠元素。此时，电子开始进入第3层轨道，虽然只有1个孤单的电子，但钠原子的直径却因此增长到380皮米，大约是氢原子的3.5倍，而不是继续缩小。钠的最外层电子被内层的10个电子屏蔽，只能感受到1个而不是11个质子的吸引力。

同样的规律继续重复。随着质子的增加，原子开始变小，直到钾元素时，再来一次大的飞跃，直径也增长到氢原子的4.5倍。

但从钾元素开始，事情变得更加有趣。刚开始，就和从前一样，直径开始减小，如钙和钪。之后，模式开始变化。原子中新增的电子开始进入一个新的拥有不同形状的亚层（d亚层）。d亚层中的电子并不擅长屏蔽最外层电子和原子核间的相互作用。伴随着电子进入d亚层，原子规律性地开始变小，但当d亚层被填满，电子进入一个新层时，这时候原子半径会小于我们的预计。这是因为，质子并没有被很好地屏蔽，它们把外层电子往里拉。

这个新模式就发生在元素镓身上，它的属性也反应出这种模式的变化。镓有一个反常的低熔点，它会熔化在你手掌中。它正下方的铟，熔点也十分低，只有156.6摄氏度，这两种元素都是d亚层填满后出现的第一种新元素。

填满d亚层后，原子半径反常地缩小现象，称为d区收缩效应。类似情形也发生在f亚层填满之后，在铪元素处出现，f亚层屏蔽外层电子的效果甚至比d亚层还要糟糕。

f区收缩效应实际上从镧元素开始，它的f亚层刚好被填满。但这种现象，通过观察锆和铪的差异，最容易被发现。周期表中锆就在铪的上方，锆的直径是412皮米，而铪是416，两者几乎相同。由于它们的外层电子的构型一样且大小相似，导致它们的物理性质极其相似，而化学属性相似到让它们出现在同种矿石中，且分离难度达到让人诅咒的程度。

铪原子重量大约178，而锆大约91，铪的重量约是锆的2倍，但它们的大小一致，这意味着密度也差2倍左右：锆的密度大约为6.5，而铪则是13。这上下两行间元素密度的飞跃，在铪元素之后的钽、钨、铼、锇、铱、铂和金之中都有体现。这些元素的化学活性也差，因为它们的外层电子被原子核牢牢抓住。

从金和汞开始，另一种效应开始发挥作用（参见附录4——爱因斯坦做了什么）。

附录9 新亚层

在过渡金属中，由于电子进入一个新的亚层，它们就构成了一个共享某些属性的矩形块。实际上，这种模式存在于周期表的所有元素之中。无论在哪儿新增了一个电子亚层，总存在一个矩形区域，其中的元素会共享一些属性。比如碱金属和碱土金属构成了s区，过渡金属是d区，右边的大方块从硼到铊、从氖到氡，则是p区。

碱土金属右边的镧，电子也同样进入一个新亚层，构成了f区，该区元素同样有着某些相似的属性。这些元素，通常放到周期表底部的空间中，但这么做，仅仅是为了让周期表能印刷到普通尺寸的纸张中而已。把它们放回周期表中，镧系元素就在钡和镥之间。镥常被划到镧系元素中，但它实际上位于过渡金属的d区，实际上，连镧也都是d区元素。

镧系元素下面的锕系元素，同样是f区元素。

在其他区，随着电子填充，化学性质会有较大的变化，因为新电子总是填在新出现的外层中，也就是参与化学反应的那一层。但是f区的情况大为不同，新增的电子填在f轨道上，而f轨道在内层，其外面还有2个电子层。这就意味着，大多数化学反应涉及的电子层没有变

化，所以f区元素在很多方面看起来都很相似。

它们之间的主要差异体现在重量和原子半径上。对于其他元素，原子半径增加通常使元素的活性增强，重量增加也同样会改变化学性质，如金银铜的差异（注意，金银铜在同一列）。但镧系元素中的多数成员，其性质和行为都介于钡和铪之间。

与其他元素相比，正在填充f亚层的镧系和锕系元素，f亚层赋予它们某些非常有用的性质。电子彼此排斥，只有当没有空位时，新加入的电子才会去和已存在的电子配对。未配对的电子可赋予元素磁性，镧系中的多种元素被用于高强度磁体中，尤其是钐和钕。

新的电子亚层也让这些元素与光的相互作用发生改变。电子可吸收1个光子，转变为激发态，这样就能突破量子态的限制，去往本不能去的能级。但要回到基态，它们得再吸收1个光子（通常是红外区的光子）并释放出1个可见光区的光子，才能完成这个循环，这就是荧光效应。加微量的镧系元素到其他化合物中，就能制造一系列的荧光物质，用于电视机、激光器和发光玩具以及各种设备中。

附录10　简单的锕系元素

在周期表的大部分区域，元素们通常与它头上的元素相似。同时，当同列的元素越来越重，属性会发生一些变化：金属和惰性气体的反应活性会增强，非金属和卤素则减弱。这些现象都可以用元素的外层电子得失难易情况进行解释。

但对于锕系元素来说，它们有太多的电子、太多的电子层，各种能级的轨道更容易发生重叠和杂化。在较轻的元素中发现的电子按顺序填充轨道的简单清晰的规律几乎消失了。

先从简单的开始。在其他亚层都填满后，锕把1个电子放到1个新的d亚层（$6d^1$），就像周期表中上一行的镧（$5d^1$）一样。我们可以猜测钍的行为应该像铈，因为钍就在铈的正下方，但铈元素的电子是放到新的f亚层($4f^2$)（译者注：铈元素比镧元素多1个电子，但是它在5d亚层上根本没放电子），而钍元素则继续将其放到d亚层（$6d^2$）。远离原子核的这些能级靠得很近，让电子的行为不再完全符合旧的规律。

所有这一切都意味着锕系元素不再和它们头上的镧系元素相似。利用这些不同，把锕系元素彼此分离，比在镧系中分离不同的元素要容易得多。

通常不需要进行太多分离工作，因为锕的半衰期少于22年，但钍的半衰期长达140亿年，钍矿石中的锕通常已被自然界剔除。不过，实际上矿石中的锕与钍很容易分离，但要和镧分离反倒困难，锕与它上一行的镧元素相似性超过其右方的钍元素。

在锕系元素中，偶数编号的元素比奇数编号的要常见，因为有偶数个质子的原子核更稳定。元素越重，这种效应就越显著，因此钍元素比它左右两侧的锕和镤元素（半衰期32 788年）要稳定得多。

钍的外电子层的d亚层中有2个电子（$6d^2$），而镤则开始把电子填入新的f亚层，同时还把在钍元素中填入d亚层的1个电子也转移到f亚层中（$5f^2 \cdot 6d^1$）。看到没有，这就是我所说的，当远离原子核时，一切都开始乱套了。继续观察铀，它继续把电子填入f亚层，并保留了d亚层中的那个电子（$5f^3 \cdot 6d^1$）。和镤相比变化不大，但和它头上的钕相比，就一点都不像了，钕的f亚层中有4个电子，d亚层中1个都没有（$4f^4$）。

因此，锕系元素相互分离更加容易，来自两种效应：一是所有的奇数编号的锕系元素极其稀有；其次则是，偶数编号的元素有不同的化学性质，因为它们的外层电子构型十分不同。比起镧系元素而言，锕系元素更像过渡金属。在过渡金属中，d亚层逐渐填满，在镧系元素中则是f亚层逐渐填满。而在锕系元素中，有时填f亚层有时填d亚层，所以锕系金属有时像过渡金属有时像镧系金属。

在锕系元素中，还有一件事大概比电子轨道填充顺序更让人迷惑，那就是电子配对自旋效应，解释钆元素的填充顺序。但这只能放到下一本书中去了。

本书附赠的珍贵历史资料复制品说明

一张美国钒公司的股票（**100**股）。不过，它的**00000**号表明它是仿品。

美国新泽西一家制作锌的公司的广告，将锌誉为木材防腐剂中的至尊。

门捷列夫关于周期表的最初笔记，日期为**1869**年。

来自国家铅业公司的一张古老广告，赞美铅的优点，含白铅的漆！

约翰·道尔顿发表了首张元素的相对原子量表。这就是他出版的**1808**年出版的《化学哲学的新体系》。

1939年，阿尔伯特·爱因斯坦给当时的美国总统罗斯福的信，描述了使用铀制造一种强大的武器的可能性。

1959年，幽默音乐作曲家汤姆·莱勒创作了如今这首著名的元素之歌——《元素》，使用的是吉尔伯特和沙利文创作的喜歌剧《彭赞斯的海盗》中"少将之歌"的曲调。

如果您对本书的内容有任何建议和意见，请发送邮件至weiyi@ptpress.com.cn。

▶ 本书附赠原子发射光谱图

美国《大众科学》杂志专栏文章精彩集萃

科学极客历时10年倾心打造

呈现那些难得一见的科学实验

探索奇妙现象背后的科学奥秘

全新改版，非同一般的阅读体验

《疯狂科学（第二版）》

《疯狂科学2（第二版）》

【西奥多·格雷著作所获奖项】

※ 2011国际化学年"读书知化学"重点推荐图书

※ 新闻出版总署2011年度"大众喜爱的50种图书"

※ 第十一届引进版科技类获奖图书

※ 中国书刊发行业协会"2011年度全行业优秀畅销品种"

※ 第二届中国科普作家协会优秀科普作品奖

※ 第七届文津图书奖提名奖

※ 2012年新闻出版总署向全国青少年推荐的百种优秀图书

※ 2013年新闻出版总署向全国青少年推荐的百种优秀图书

※ 2015年国家新闻出版广电总局向全国青少年推荐的百种优秀图书

※ 2011年全国优秀科普作品

※ 2013年全国优秀科普作品

※ 第六届吴大猷科学普及著作奖翻译类佳作奖

※ 第八届吴大猷科学普及著作奖翻译类佳作奖

※ 2019国际化学元素周期表年·优秀科普图书

89 锕 Ac — 57 镧 La — 104 鈩 Rf — 87 钫 Fr — 55 铯 Cs — 37 铷 Rb — 19 钾

88 镭 Ra — 56 钡 Ba — 38 锶 Sr — 20 钙

90 钍 Th — 58 铈 Ce — 72 铪 Hf — 39 钇 Y — 21 钪

91 镤 Pa — 59 镨 Pr — 105 𨧀 Db — 73 钽 Ta — 40 锆 Zr — 22 钛

92 铀 U — 60 钕 Nd — 106 𨭎 Sg — 74 钨 W — 41 铌 Nb — 23 钒

93 镎 Np — 61 钷 Pm — 107 𨨏 Bh — 75 铼 Re — 42 钼 Mo — 24 铬

94 钚 Pu — 62 钐 Sm — 108 𨭆 Hs — 76 锇 Os — 43 锝 Tc — 25 锰

95 镅 Am — 63 铕 Eu — 109 鿏 Mt — 77 铱 Ir — 44 钌 Ru — 26 铁

96 锔 Cm — 64 钆 Gd — 110 鐽 Ds — 78 铂 Pt — 45 铑 Rh — 27 钴

97 锫 Bk — 65 铽 Tb — 111 錀 Rg — 79 金 Au — 46 钯 Pd — 28 镍

98 锎 Cf — 66 镝 Dy — 112 鎶 Cn — 80 汞 Hg — 47 银 Ag — 29 铜

99 锿 Es — 67 钬 Ho — 113 鉨 Uut — 81 铊 Tl — 48 镉 Cd — 30 锌

100 镄 Fm — 68 铒 Er — 114 鈇 Uuq — 82 铅 Pb — 49 铟 In — 31 镓

101 钔 Md — 69 铥 Tm — 115 镆 Uup — 83 铋 Bi — 50 锡 Sn — 32 锗

102 锘 No — 70 镱 Yb — 116 鉝 Uuh — 84 钋 Po — 51 锑 Sb — 33 砷

103 铹 Lr — 71 镥 Lu — 117 鿬 Uus — 85 砹 At — 52 碲 Te — 34 硒

118 鿫 Uuo — 86 氡 Rn — 53 碘 I — 35 溴

54 氙 Xe — 36 氪

视觉之旅：神奇的化学元素2（彩色典藏版）

这是在元素周期表中的元素的原子发射光谱，由尼诺·寇狄克（Nino Cutic）基于美国国家标准与技术研究所的数据绘制。

当给定元素的原子被加热到很高的温度，它们就会发射特征波长（或颜色）的光，并与它们电子层之间的能级差相吻合。原子发射光谱图显示了这些光线的颜色，每一个对应于一个特定的能级差，从几乎不可见的红色到近紫外的底部，排列成光谱图。

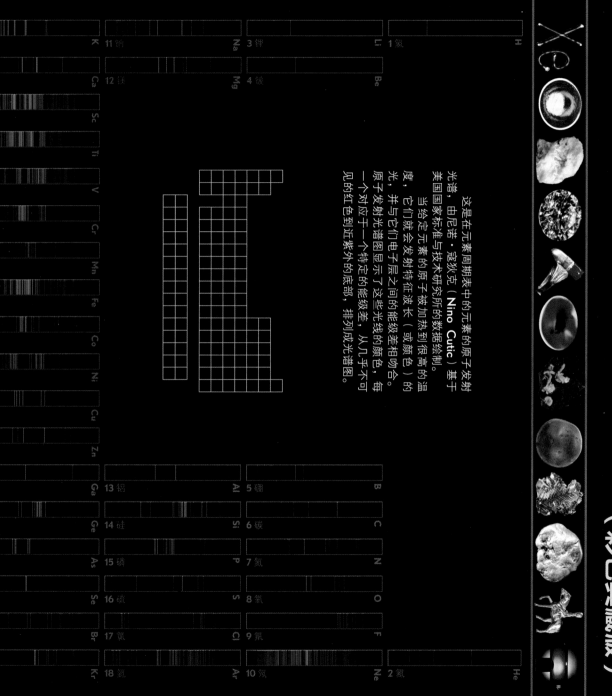

Xe

H
1 氢
3 锂 Li
4 铍 Be
11 钠 Na
12 镁 Mg
K
Ca
Sc
Ti
V
Cr
Mn
Fe
Co
Ni
Cu
Zn
Ga
Ge
As
Se
Br
Kr

B
5 硼
6 碳
7 氮
8 氧
9 氟
13 铝 Al
14 硅 Si
15 磷 P
16 硫 S
17 氯 Cl
10 氖 Ne
2 氦 He

科学怪才西奥多·格雷的奇妙化学世界

畅销27个国家和地区，累计发行300余万册

《视觉之旅：神奇的化学元素》

通过华丽的图片和精彩的语言，讲述118种元素的神奇故事。

《视觉之旅：神奇的化学元素2》

通过元素周期表，揭示物质世界的组成规律。

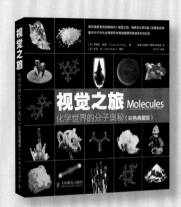

《视觉之旅：化学世界的分子奥秘》

从分子和化合物的角度，揭示宇宙万物的奥秘。

《视觉之旅：奇妙的化学反应》

通过各种奇妙的化学反应，展现五彩缤纷的大千世界。